前言
Preface

　　随着社会的进步和城市化进程的迅速发展，人们对于生态环境的要求越来越高，同时园林景观建设蓬勃发展，对于园林景观设计人员的要求也越来越高。可景观设计的学习内容繁多，设计领域广泛，初学者通常无从下手。而且以前园林景观设计书籍的内容参差不齐，真正符合实用技能型学生的专业性书籍更是甚少，本书旨在对园林景观设计初步和基础内容进行归纳总结，希望帮助初步接触园林设计的学生对其有一个全面的认识。

　　本书编写者结合多年的教学和实践经验，对大量的资料进行了整理与总结，避免了单纯的理论讲述，结合园林、环艺专业学生的初期基础知识，合理转换形成园林设计的基本理念和思路，强调与设计实践活动的联系。

　　全书通过五个项目进行展开，分别从园林美、园林要素、园林手绘技巧、园林平面、园林实例几个方面对园林景观设计的基础内容进行了深入的地分析讲解。通过大量的实例和图片案例给学生最直观的园林景观认识，让学生了解园林景观的初步设计，能够全面地掌握设计的过程和草案构图技巧。

　　本书五个项目，由肖妮、施惠、陈芝担任主编，陈丽花、冉冰、席翠玉、胡丽婷、李兴振、张婷婷、张玲、包良婷、钟喜林、董璟、谢宗涛担任副主编，具体编写分工如下：项目一由肖妮、施惠、陈芝编写，项目二的任务一由席翠玉和胡丽婷编写，任务二由肖妮、陈芝、李兴振编写，任务三、六由施惠、陈芝、张婷婷编写，任务四、五由肖妮、施惠、张玲编写，项目三由陈芝、包良婷、钟喜林编写，项目四任务一由施惠、陈芝、钟喜林编写，任务二、三、四由肖妮、陈芝、谢宗涛编写，任务四图纸手绘由冉冰、陈丽花、董璟负责绘制，项目五由施惠、陈丽花、冉冰编写。全书由肖妮统稿，施惠校稿。特别感谢张建林和周静毅对本书提供的项目案例和指导！

　　由于编者水平有限，加之时间仓促，书中疏漏之处在所难免，恳请读者批评指正。

YUAN LIN
JING GUAN
SHE JI

编　者

园林景观设计初步

YUAN LIN JING GUAN SHE JI CHUBU

目 录

Contents

项目一
园林设计的前期准备

人类在不断认识自然、改造自然、享受自然的同时，对于风景园林的重要性及认识也在逐步提升。而现代的景观设计内容十分丰富，从传统的庭院别墅到街头绿地、广场、学校、公园，以及绿地系统、风景区和自然保护区，都可纳入到园林景观的设计范畴内，可以说，园林设计这一门学科在当代建设中已经成为了重要核心。

园林设计是一门科学的艺术，科学性与综合性强是这门专业的特性。它包含了十分广泛的专业内容，涉及地质、气象、生态、自然生物、自然植物、社会、历史、艺术等多门学科。园林设计犹如一曲宏大的交响乐，而非某种乐器的单一演出，这不仅是人类对自然认识的进步，也是人类对自身认识的进步。而我国园林景观设计行业起步较晚，景观设计师的水平参差不齐，优秀的景观设计项目更是屈指可数。这都需要我们在景观设计和景观设计教学中做出改变和努力。但是，当我们开始接触景观的时候（见图1-1-1至图1-1-6），在学习景观艺术设计的专业知识，成为职业景观设计师之前，或许会提出很多疑问：

（1）风景园林到底是什么？

（2）园林设计有什么不同于其他设计学科的特点？

（3）我们所设计的目标和成果又是什么？

（4）怎么才能成为一个好的设计师？

● 图1-1-1　自然风景区　　　● 图1-1-2　公园　　　● 图1-1-3　广场　　　● 图1-1-4　住宅区

这些都是我们作为园林行业者所应认真思考的问题，也是本书旨在解决的方向。

本项目任务目标：理解园林设计的起源、风格种类以及设计特点，尝试从多个角度观察身边的风景园林设计以期获得高角度、高质量的园林体验。

任务一

认识园林

随着社会环境和历史环境的变化，人们在满足了基本的生理生活和心理需求后，开始为自己创造更美好的居住和游赏环境。正如马斯洛所分析，人类的需求像阶梯一样从低到高按层次分为五种，它们分别是：生理需求、安全需求、社交需求、尊重需求和自我实现需求。所以，对于园林景观的需求是从人们有了基本的生活保障和安全保障之后才开始的，而园林景观发展到现代，对生态环境和生活环境更是起到了重要作用。如图1-1-7至图1-1-9，这些景观设计让人从内心深处感到心情舒畅，这是一种精神享受，也是其他物质元素所不能替代的。

- 图1-1-5　街边绿地
- 图1-1-6　私家庭院
- 图1-1-7　海德公园戴安娜王妃纪念泉：基于戴安娜王妃生前的爱好与事迹，整个景观水路经历跌水、小瀑布、涡流、静止等多种状态，反映了戴安娜起伏的一生。

图1-1-8

图1-1-9

　　他们在创造园林环境时，总是幻想着自己所憧憬的环境，把自己心目中的美抽象和美化，并"模拟""设计"在现实环境中。我们中国传统园林的诗情画意就是人类对美的一种高境界表现，通过画意和诗意来表现自然环境美。例如，古代诗人王维晚年在陕西蓝田县终南山下建造的辋川别业。《辋川集》中有诗句云："飞鸟去不穷，连山复秋色。上下华子冈，惆怅情何极。"描述了园林建在山岭起伏、树木葱郁的冈峦山谷，隐露相合，是王维很得意的居处。白居易在游览庐山时被自然景观所吸引，营建了庐山草堂，并自撰了《草堂记》："仰观山，俯听泉，旁睨竹树云石，自晨至西，应接不暇……"描述了草堂附近的四季景色，春有杜鹃花，夏有潺潺溪水和蓝天白云，秋有月，冬有雪。这都是人们在满足了正常的生理需求后对精神追求的另一种享受，并通过自己的审美将设计贯穿其中。

　　中国最早的园林雏形见于文字记载的"苑、囿、台、圃"。其中的圃释义为：中国古代由菜园、果园发展而来，逐渐成为以植物栽培、观赏为目的的与园并称的形式之一，是中国古典园林除囿、台以外的第三个源头。可见，我们现在所知的"园""园林"是不同于一个实用性的菜园、苗圃，它带有"设计和改造"在里面。

　　因此，结合以上内容，园林的定义为：在一定的地域运用工程技术和艺术手段，有目的地通过改造地形（如除了土壤改造地形外或进一步通过筑山、叠石、理水进行地形改造）、种植植物、营造建筑和布置园路等途径创作而成的自然环境和游憩境域，简称为园林。

　　而对于整个园林体系来讲，角度不同，分类方法也不一样，一般主要有以下几类：

　　从开发方式上来说，园林可分为两大类：一类是主要利用原有自然风貌和景观资源，进行有意识、有目的的规划设计，例如，华山（图1-1-10）、九寨沟；另一类是在一定地

● 图1-1-8　北京朝阳生态思故事厅：1200条铜管变作覆满整座展厅的"草"，随着时间的变化，这"铜草"会自然地变幻颜色。

● 图1-1-9　一棵树的创意设计——筷子树屋：选择原料的结构是一个100英尺长的黄杨树，印第安纳州的州树，把它变成一个有用的建筑。

域范围内，通过设计建造活动营建出园林环境，例如，颐和园（图1-1-11）、纽约中央公园（图1-1-12）。前者是对现有风景资源的利用、保护、规划和选取，而后者则是重点在于设计和新建。实际上，大多数园林是两者不同程度的结合。

以规划布局分类，主要有自然式、规则式和混合式。规则式园林，其整个平面布局及园林要素要求以直线、几何形状为主的布置原则，如图1-1-13。自然式园林则效法自然，以自然条件为主要布置原则，东方园林的代表，中国古典园林和日本古典园林就是该类。混合式园林则是自然式和规则式的综合布置，事实上，目前大多数的园林都属于该类别，如图1-1-14。

● 图1-1-10 华山北峰　　　● 图1-1-11 颐和园　　　● 图1-1-12 纽约中央公园

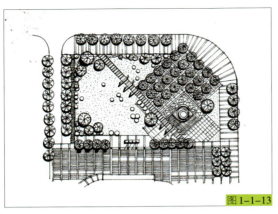
图 1-1-13

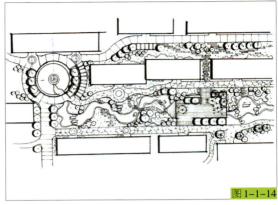
图 1-1-14

以地域特色来区分，园林有东方、西亚、欧洲三大系统。东方体系以中国、日本为代表，主要特色是自然与人工结合。欧洲园林以法国、意大利、英国为代表，主要以规则式布局为主，自然景观配置为辅。西亚园林以波斯、印度为代表，用纵横轴线把平地分作四块，形成方形的"田字"，在十字林荫路交叉处设中心喷水池，中心水池的水通过十字水渠来灌溉周围的植株，主要特色是花园和教堂园。而不同国家在不同的时代还可以细分不同的园林类型，后面章节会以各个地方特色园林为代表进行阐述，此处不再赘述。

任务二
认识园林的美与风格

一 什么是园林美

（一）对"美"的理解

对于"美"，古今中外的哲学家、美学家从不同角度、不同的社会背景，或客观、或主观地提出了种种对于美的本质理解。

美学源于希腊文 aisthesis，原文指用感官去感知，也可以说美学是研究审美规律的科学，至今已有 2300 多年的历史。

我国古代思想家、教育家，儒家学派的创始人孔子，也是中国美学理论的奠基人。他的美学思想建立于"统一"，他认为，形式的美和感性享受的审美愉悦应与道德的善统一起来，即尽善尽美；他还提倡形式与内容的适度统一。

● 图1-1-13 规则式园林   ● 图1-1-14 混合式园林

古希腊哲学家、数学家毕达哥斯认为万物的本源不是物质，而是数。"数的原则是一切事物的原则""美是和谐"，他认为，美体现着合理的或理想的数量关系，美的本质就是和谐。

亚里士多德认为，美与善既统一，又有不同，通过对美与善的分析，他把美归结为"秩序匀称、准确"。

综上观点，对于美的定义，即凡是人对于自己的需求被满足时所产生的愉悦反映，而这个能产生此作用的欣赏对象即为"美"。所以美是主观的，"萝卜青菜各有所爱""环肥燕瘦"，证明不同人、不同时代对于物体的审美判断标准是不同的。因此，对于美的评判我们将主要从两个方面去分析：一个是审美对象，另一个就是审美标准。不同文化、不同社会背景对于美的理解是有区别的，就如中国自古以自然园林见长，期待人与自然合理相处，喜欢欣赏自然景色的美好之物，而法国等欧美国家就以人能改变世界的想法，喜欢欣赏自然规则的园林景色。

（二）园林美学审美标准

园林美学是应用美学理论研究园林艺术的美学特征和规律的学科，对于世界各国的文化背景和发展情况的不同，园林美学又有其明显的地域特征。虽然对于美的感受，由于社会文化背景的不同，不同人都会有不同的对审美的体验感。但在一定程度上，人与人之间还是有一个共同的审美标准，并且是可沟通的。而作为一名优秀的设计师，就应该具有让使用者在你的设计作品中能感受到共同美，这是一个设计是否成功的重要条件之一。

那么，如何来设计这个共同的审美标准呢？

比如，中国最早认为，美的事物是紧密联系着生活的。在狩猎时代，从"美"字可以看出"羊大为美"，它说明美与满足人的感性需要和享受有直接关系，这也是人类在赞赏生活中的捕获物。所谓"天人合一"，就是典型的审美标准。中国的传统古典园林就是对"天人合一，人与自然和谐相处"这一理念的高度体现。例如，我国古典园林的代表：拙政园和留园（图1-2-1）。

图1-2-1

而西方文化的发源地古希腊，西方美学大多是对自然的一个挑战，他们喜欢规整、几何的东西。我们从西亚的印度泰姬陵（图1-2-2）、法国凡尔赛宫苑（图1-2-3）就可以看出他们对于规则几何形体的酷爱。

● 图1-2-1　留园

图1-2-2

图1-2-3

（三）园林美的内容

20世纪60年代，麦克哈格在《设计结合自然》一书中提到："美是建立于人与自然环境长期的交往而产生的复杂和丰富的反映。"

所以美来源于生活，所有的园林美源于自然，又高于自然，是大自然造化的典型概括，是自然美的再现。它随着文学、绘画艺术和宗教活动的发展而发展，是自然景观和人文景观的高度统一。只有设计者领悟了场所的性格与气质，在设计中灵活应用园林美学，这

● 图1-2-2　印度泰姬陵　　　● 图1-2-3　法国凡尔赛宫

样才能体现场所的精神和场地特征。园林美是园林师对生活、自然的审美意识（感情、趣味、理想等）和优美的园林形式的有机统一，是自然美、艺术美和社会美的高度融合。

园林美是建立于人与自然环境长期的交往而产生的复杂和丰富的反映。而一个设计能否让参观者和使用者在环境中感受到美，这就是一个设计是否成功的重要条件。逐层有条理的细化，通过空间形态和尺度设计、表皮和质感的变化、意境和文脉空间的营造，才能形成一个完整的设计。

1.空间形态美

对于形形色色的城市景观，长期生活在其中的人们都会有各自的空间认知方式。而各种空间要素综合起来，就共同构筑成了我们所生活的城市大景观环境。

空间认知由一系列心理过程所组成，人们通过一系列的心理活动，获得空间环境相关信息。它依赖于环境知觉，而环境信息的捕捉则靠感官来实现。通过对周边环境的道路、标志物等要素的观察，获得该区域的信息。比如北京，我们对它的城市景观认知是浓郁的中国古典景观的印象：长城、故宫、胡同石径（图1-2-4）。

图1-2-4

凯文林奇认为，地区空间是"观察者内心可进入其中，并具有某种共同性与统一性特征，因此可以认知的区域。"决定地区的物理特征是主题连续，由空间、质地、形体、细部、象征、建筑类型、用途、活动、居民、维持程度、地形等许多成分所构成，成为一个特征群。而人们对某一区域空间环境的认识和共鸣，能在一定程度上反映出环境本身的属性，强化地域形象，使地域具有更加鲜明的个性特征。景观设计的作用之一，就是塑造特定场所的公共意象。

人们在认识空间的时候，总倾向于根据"头脑中固有的环境结构"去解释现实环境。

● 图1-2-4　北京老胡同亲切空间

环境结构明确，容易形成比较清晰完整的意象，居民生活也安定自在。不同的使用群体有不同的环境意象，可得出不同的环境设计原则。例如，幼儿园和小学环境设计，应有利于儿童认知能力的发展；居住区设计应向儿童、老人和残疾人倾斜；大型游乐场、风景旅游区除了注意识别性外，还需有一定刺激性和复杂性。所以，如果要区别场所和领域空间，就必须有该领域空间特点和特色

如果地球作为一个整体来看，那么我们首先想到海洋、山川、湖泊、沙漠等就是构成这一大空间整体的领域。所以，我们在景观设计中需要应用一定手法，以场地和道路为手段，环境结构化，并分割成各种区域，让人们在体验感受空间时，可通过对相关环境的认知、判断，来获得相应空间的形状、心理感受等。

2.空间尺度美

景观为人们提供了室外交往的场所，人与人之间的距离决定交往方式，也影响到景观设计中的空间尺度。例如，园路的宽度，主要取决于人们的行进方式；火车站前的交通广场与居住区内居民活动的小广场，对尺度有不同的要求。

芦原义信曾提出在外部空间设计中可采用20~25m的模数。他认为，关于外部空间，每隔20~25m，有节奏的重复、材质的变化或是地面高差的变化，可以打破单调，使空间一下子生动起来。而当距离超出110m时，肉眼只能辨别出大致的人形和动作，这一尺度可作为广场尺度，能产生宽广、开阔的感觉。同时，他进一步探讨了实体围合空间中实体高度（H）和间距（D）之间的关系。

当比值 $D/H=1$ 时，空间存在某种匀称感；当 $D/H<1$ 时会有明显的压迫感，如图1-2-5；当 $D/H>1$ 或更大时，形成游离远离之感，如图1-2-6；而 $D/H=1.5~2$ 时，空间尺度是比较亲切的，人漫步其中，会产生愉悦感。

3.质感纹理

对于空间限定效果起作用的其中之一就是质感变化，不同空间类型，材料纹理的使用变化可以让空间具有不同的功能性格。在景观设计中，质感的变化不仅仅包含地面的肌理

● 图1-2-5　有明显压迫感的空间　　　　● 图1-2-6　开阔气势的空间

变化，还包含了空间中各种要素的质感纹理变化。

（1）建筑小品质感

建筑小品的表面采取不同材质及纹理，会有不同的景观效果。如同一景墙，采用片岩文化石会显得有乡野气息（图1-2-7），而采用光面花岗岩贴面会显得精致和庄重，如果花岗岩采用蘑菇面处理贴面又会显得较活泼古朴。所以在设计中，应根据场地功能及风格选择适当的材料处理，见图1-2-8。

（2）地面质感

地面表皮主要是给人们提供坚固、耐磨的活动空间，以提供不同频率的使用，适应相应的景观功能。同时在设计中，选择适当的地面表皮，可增加场地领域感和趣味特色感。铺地质感的变化可增加铺地的层次感，例如，大面积的花岗岩石材让人感觉到庄严肃穆，砖铺地使人感到温馨亲切，石板路给人一种清新自然的感觉，卵石铺地富于情趣，草坪铺地给人以自然放松之感，如图1-2-9。

（3）植物质感

植物的色彩、质感、形状都会随着季节而发生变化，不同植物种类的选择和搭配，对景观效果有着很重要的作用，会使景观外貌产生不同柔性的变化，如图1-2-10。同时，随着植被的生长及季节的不同，植物也具有不同的形态。一个好的园林设计应做到，让每个季节的植物都呈现出动态的景观变化，只有每日常新的园林，才是一个完美的园林设计，见图1-2-11。

图1-2-10

图1-2-11

4.意境、文脉

　　人类对自然环境的改造，就是对环境的规划管理，目的是营造一个更加宜人的生活环境。一个场所应该是具有明显特征的空间，并有形成其代表的标志物体。一个功能完善却毫无新意的景观总会让人感到倦怠无趣并被遗忘。一个场所应具有其特殊的场所感，在艺术、趣味上多加突破，才会让人记住并耳目一新。例如，加拿大的Coaticook峡谷公园魔法森林就是以魔法为主题邀请游人来体验魔法的大森林，见图1-2-12。设计中融入了各种神秘元素（神秘元素均源自当地神话和传说），由一条长2公里的蜿蜒丛林小道组成，且小道两边装饰有五颜六色的照明设施和神秘发光的植物。景物与灯光完美结合，呈现出一幅童话般的景象。

　　当然，场所特征意境并不是单纯的新奇，而是建立在一定的功能上，吸引并支持人们的活动空间。在中国，传统的园林建造早已被人们公认为是我国优秀文化传统的一部分。中国园林文脉，是中国传统文化的生动表现形式，表现的是亲近自然、诗情画意、别具一格的园林文化空间。

● 图1-2-10　植物色彩带来了浪漫的空间景观　　● 图1-2-11　不同的植物色彩表现出空间季节变换

图1-2-12

二 园林风格有哪些

　　园林美具有多元性，表现在构成园林的多元要素和各要素的不同组合形式之中；园林美也具有多样性，主要表现在历史、民族、地域及时代性的多样统一之中。在了解园林风格体系的时候，我们要追溯到世界园林三大体系的发展，包括东方体系、西亚体系和欧洲体系，由于地域、人文、经济等因素的影响，园林风格体系形成了各个不同流派，产生了各自的"诗情画意"，各自寓有自己的"意境"。下面，我们分别从现今比较有代表性的几种园林风格来看如何在园林设计中表现美。

（一）东方园林

　　古代的东方有着悠久灿烂的文明，东方园林体系以中国为代表，日本、朝鲜半岛（朝鲜人民民主共和国和大韩民国）、东南亚地区等国家都受到中国儒家思想和佛学的影响，在园林上都表现为崇尚自然、尊重佛学、典雅精致、意境深远。东方园林尊崇与自然和谐为美的生态原则，属于山水风景式园林，以自然式园林为基本特征，蕴含人伦教化，诗情画意的写意山水园林。本书将主要讨论作为东方园林代表的中国园林和日本园林。

1.中国古典园林美及代表作

　　随着千百年的发展，中国园林以其独特的艺术风格和深厚的民族文化意蕴，形成了自己独特的审美意趣，在世界园林史上独树一帜。作为一种载体，它不仅客观而又真实地反映了中国历代王朝不同的历史背景、社会经济的兴衰和工程技术的水平，而且特色鲜明地折射出中国人自然观、人生观和世界观的演变，蕴含了儒、释、道等哲学或宗教思想及山水诗、画等传统艺术的影响。

　　中国园林最早开始于殷商周时代的帝王苑囿，到秦汉时开始大规模兴建并开始模仿自然造园风格，以"一池三山"这种造园模式为代表，形成了上林苑、建章宫和阿房宫为代表的园林。魏晋南北朝时期，社会动荡，士大夫们为求精神上的解脱，大多寄情山水，开始注重对自然美的发掘和追求，山水诗、山水画也应运而生，使中国园林艺术走向了与自然山水、诗画相结合的道路。中国古典园林的主要特点——山水意蕴，在这时进入全面发展时期，园林的建造风格开始转向于寄情山水，中国园林独具一格的特色真正形成。唐宋时期中国文学、艺术、经济发展到鼎盛时期，诗、书、画及禅宗的发展和诗、书、画等艺术的引入，大大丰富了园林的内涵，园林出现了前所未有的昌盛，私家园林也渐多且开始向小型化发展，园林艺术风格和色彩极其浓厚。长期的社会文化的发展和各种特色造园艺术活动的不断实践，明清时期中国造园艺术达到了最辉煌的时期，皇家园林和私家园林都发展出各具特色的风格。从明代中期开始，造园风气大盛，清代时皇家园林之盛，达到了历史最高峰。

在经历了园林的萌芽期（殷商周）、生成期（秦汉）、转折期（魏晋南北朝）、盛年期（隋唐宋）、成熟期（元明清）这一历程，中国古典园林便形成了以下的艺术风格特点及审美意趣。

（1）本于自然，高于自然

明代造园专家计成在《园治》起首篇提出了"虽由人作，宛自天开"。这一美学思想一直都是中国传统园林的基本美学思想特征之一。中国古典园林不是一般地利用或简单地摹仿自然，而是有意识地加以改造、调整、加工、剪裁，从而表现一个精练概括的自然、典型化的自然。只有如此，像颐和园那样的大型天然山水园才能够把具有典型性格的江南湖山景观在北方的大地上复现出来。这就是中国古典园林的一个最主要的特点——本于自然而又高于自然。这个特点在人工山水园的筑山、理水、植物配植方面表现得尤为突出，如北海公园的景观体现了中国最典型的造园模式"一池三山"，表现自然景观的同时，更表达了皇帝对仙境的追求。

（2）建筑美与自然美的融糅

法国的规整式园林和英国的风景式园林是西方古典园林的两大主流。前者按古典建筑的原则来规划园林，以建筑轴线的延伸控制园林全局；后者的建筑物与其他造园三要素之间往往处于相对分离的状态。但是，这两种截然相反的园林形式却有一个共同的特点：把建筑美与自然美对立起来，要么建筑控制一切，要么退避三舍。

中国古典园林则不然，园林建筑类型丰富，有殿、堂、厅、馆、轩、榭、亭、台、楼、阁、廊、桥等，以及它们的各种组合形式，不论其性质与功能如何，都能与山水、树木有机结合，互相映衬，互为借取。（见图1-2-13）。

● 图1-2-13　留园的明瑟楼和涵碧山房的建筑组合形成留园整个水景最佳观赏点

（3）诗画的情趣

中国园林又被称为"文人园"，传统文化中的山水诗、山水画，深刻表达了人们寄情于山水之间，追求超脱，与自然协调共生的思想。诗情画意是中国古典园林的精髓，也是造园艺术所追求的最高境界。园林意境通过构思创作，表现出园林景观上的形象化、典型化的自然环境与它显露出来的思想意蕴。它不像花草树木一样实在，而是一种言外之意、弦外之音。能让人回味无穷，遐想联翩。

文学是时间的艺术，绘画是空间的艺术。园林的景物既需"静观"，也要"动观"，即在游动、行进中领略观赏，故园林是时空综合的艺术。中国古典园林的创作，能充分地把握这一特性，运用各个艺术门类之间的触类旁通，融铸诗画艺术于园林艺术，使得园林从总体到局部都包含着浓郁的诗、画情趣，这就是通常所谓的"诗情画意"。

诗情，不仅是把前人诗文的某些境界与场景在园林中以具体的形象复现出来，或者运用景名、匾额、楹联（图1-2-14）等文学手段对园景作直接的点题，而且还在于借鉴文学艺术的章法和手法使得规划设计颇多类似文学艺术的结构，见图1-2-15。

（4）意境的蕴含

意境是中国艺术创作和欣赏的一个重要美学范畴，也就是说把主观的感情和理念熔铸于客观的生活与景物之中，从而引发鉴赏者类似的感情激发和理念联想。

游人获得园林意境的信息，不仅通过视觉功能的感受或者借助于文字、古人的文学创作、神话传说、历史典故等信号的感受，而且还通过听觉、嗅觉的感受。诸如十里荷花、丹桂飘香、雨打芭蕉，乃至风动竹篁有如碎玉倾洒，柳浪松涛之若天籁清音，都能以"味"入景，以"声"入景而引发意境的遐思。

如苏州网师园,所谓"网师"乃渔夫之别称,柳宗元有"独钓寒江雪"之句（原为渔隐）。而渔夫在中国古代文化中既有归隐山林的含义，又有高明政治家的含义。可见，造园者们通过园林形式来表现自己的政治抱负或抒发内心情感。

● 图1-2-14　沧浪亭的楹联：清风明月本无价、近水遥山皆有情，与"沧浪"之说暗合。

● 图1-2-15　江南私家园林中经常以白墙为纸，竹、松、石为画，在狭小的空间中创造淡雅的国画效果。

2. 日本园林美及代表作

日本与中国一衣带水，从古至今一直有着广泛的交流。日本园林艺术就是在中国园林艺术的影响下，逐渐形成了具有东方体系特征的自然山水园，而日本庭院的发展变化又根据本国的地理环境、社会历史和民族感情创造出了独特的日本风格。 日本庭园一般可分为枯山水、池泉园、筑山庭、平庭、茶庭、坐观式、舟游式、回游式以及它们的组合等。

日本古典园林是典型的自然山水园，经过长期的历史过滤与消化，逐渐形成具有日本民族文化特色的园林艺术和园林美。

（1）日本地理影响园林美

日本是个具有得天独厚自然环境的岛国，气候温暖多雨，四季分明，森林茂密，丰富而秀美的自然景观，孕育了日本民族顺应自然、赞美自然的美学观，甚至连姓名也大多与自然有关，这种审美观奠定了日本民族精神的基础，从而使得在各种不同的作品中都能反映出返璞归真的自然观。但它有别于中国园林的"人工之中见自然"，而是"自然之中见人工"。它着重体现和象征自然界的景观，避免人工斧凿的痕迹，创造出一种简朴、清宁的至美境界。

日本是一个群岛国家，四面环海，形成了日本的崇海情结。日本人对大海的深情物化在园林中，仿造海景一直是日本园林的主题之一。所以他们在园林造园上也是偏向水性，园林必有岛（图1-2-16）。即使后期出现的枯山水，也用白砂石象征茫茫的大海。

图1-2-16

● 图1-2-16　日本池泉园

（2）日本文化影响园林美

日本从秦汉，特别是从唐朝开始接受中国文化。日本深受中国园林尤其是唐宋山水园和宗教礼仪的影响，因而一直保持着与中国园林相近的自然式风格。对自然的提炼和浓缩，表现小巧精致的园林风格。宗教在日本一直处于重要地位，禅宗思想从中国传入，武家很多是皈依于禅宗的，为此，禅宗寺院被十分广泛地建造。当时的禅僧追求一种高尚的教养境界，寺院、神社则是日本文化中重要的象征物。日本园林的造园思想受到极其浓厚的宗教思想的影响，追求一种远离尘世，超凡脱俗的境界，见图1-2-17。特别是后期的枯山水，竭尽其简洁，竭尽其纯洁，无树无花，只用几尊石组，一块白砂，凝缠成一方净土，见图1-2-18。

（3）色彩美影响园林美

在色彩方面，与多彩的中国古代建筑风格不同，日本人有自己的色彩观念。日本人将白色视为最高贵的颜色，建筑色彩以木本色和白色为主，见图1-2-19。整个园子体现了质朴、简洁的日式园林风格。此外，与中国建筑的宏大壮美相比，日本建筑更加洗练、优雅和素洁，更擅长表现建筑结构的精巧细致，如图1-2-20。园林设计上寓意于形，形成了极端写意的艺术风格。所以，想要渗入日本园林的意境中去，需要深入了解日式园林的精髓。

日本古典园林反映了日本人对大自然虔诚的敬畏心理和远距离欣赏的审美习惯。

● 图1-2-17 表现禅宗意境的龙安寺 ● 图1-2-18 现代禅意枯山水 ● 图1-2-19 建筑融入周边环境

图1-2-20

（二）欧洲园林

欧洲园林又称西方园林，起源可以上溯到古埃及和古希腊，当时的园林就是模仿经过人类耕种、改造后的自然。欧洲的造园艺术有三个重要时期：从16世纪中叶往后的100年，是以意大利领导潮流；从17世纪中叶往后的100年，是法国领导潮流；而从18世纪中叶起，则是英国领导潮流。意大利的热情与理想，法国的奢华与浪漫，英国的优雅与自然都深深影响了整个欧洲的园林发展。

欧洲对于园林美的理解和东方园林不一样，他们受古希腊、古埃及文化影响，推崇"秩序是美的"，他们认为野生大自然是未经驯化的，充分体现了人工改造自然的痕迹才是美的。故而，大多的西方园林植物都是经过修剪的规整的几何形式，园林道路都是整齐笔直的，园林布局也尽量沿中轴线对称展现，表现出人对大自然的掌控。整个园林风格呈现出活泼、规整、豪华、热情，有时甚至是不顾奢侈地讲究排场。下面我们就几个典型的园林特色来看一下其园林的特色及园林美。

1.意大利台地园景观

16世纪欧洲以意大利为中心兴起文艺复兴运动，文学和艺术飞跃进步，引起一批人爱好自然，追求田园趣味，使得意大利的造园出现了以庄园为主的新面貌，并逐步从几何形向巴洛克艺术曲线形转变。

台地庄园别墅园为意大利文艺复兴园林中最具有代表性的一种类型。别墅园多半建置在山坡地段上，就坡势而做成若干层的台地，即所谓"台地园"（Terrace Garden）。主要建筑物通常位于山坡地段的最高处，在它前面沿山坡而引出的一条中轴线上开辟一层层台地，分别配置平台、花坛、水池、喷泉和雕塑，各层台地之间以蹬道相联系，创造了和谐整体的山地景观形式。比较典型的就是埃斯特别墅（如图1-2-21），由建筑师利戈里奥设计。意大利文艺复兴园林中还出现一种新的造园手法——绣毯式的植坛（Perterre）（如图1-2-22），即在一块大面积的土地上，利用灌木花草的栽植镶嵌组合成各种纹样图案，好像铺在地上的地毯。

● 图1-2-20　植物色彩与建筑色彩形成鲜明对比表现了自然的变化

意大利的这种造园风格对西方欧美各国的造园形式产生了巨大的影响，并在欧洲各国一度盛行。

2. 法国洛可可式园林

意大利的造园形式流入法国后，法国人并没有完全接受"台地园"的形式。法国多平原，有大片天然植被和大量的河流湖泊，法国人结合本国的特点，发展出其特有的园林风格，把中轴线对称均匀齐的规整式园林布局手法运用于平地造园，其主要表现形式为洛可可式景观设计。该设计风格宏伟壮丽，有宽阔开敞的大片草地，应用平面铺展、主轴对称、图案变化的造园手法将植物修剪成几何体，配上纵横交织的道路，形成丰富华丽的景观视觉效果，如图1-2-23。特别以凡尔赛为代表的造园风格被称作"勒诺特式"或"路易十四式"，在18世纪时风靡全欧洲乃至世界各地，德国、奥地利、荷兰、俄国、英国的皇家和私家园林大部分都是"勒诺特式"的，我国圆明园内西洋楼的欧式庭园亦属于此种风格。勒诺特的造园保留了意大利文艺复兴庄园的一些要素，又以一种更开朗、华丽、宏伟、对称的方式在法国重新组合，创造了一种更高贵的园林风格。

3. 英国自然式风景园林

17世纪至18世纪，绘画与文学两种艺术热衷于自然的倾向影响了英国造园，英国出现了自然风景园。如茵的草地、森林、树丛与丘陵地貌相结合，构成了英国天然风致的特殊景观，这种优美的自然景观促进了风景画和田园诗的兴盛，而风景画和浪漫派诗人对大自然的纵情讴歌又使得英国人对天然风致之美产生了深厚的感情，如图1-2-24。英国的自然风景园与"勒诺特"风格完全相反，否定纹样植坛、笔直的林荫道、方壁的水池、整形的树木，扬弃了一切几何形状和对称均齐的布局，代之以弯曲的道路，自然式的树丛和

● 图1-2-21　埃斯特台地园轴线景观　　● 图1-2-22　兰特庄园绣毯式花坛　　● 图1-2-23　平面图案式植物园林景观

草地，蜿蜒的河流，讲究借景和与园外的自然环境的相融合。同时受中国园林文化的影响，中国的亭、塔、桥、假山以及其他小品要素逐渐出现在英国园林里（图1-2-25），特别是以圆明园为代表的中国园林艺术被介绍到欧洲，英国一度盛行仿中式庭院，称之为英华园林或英中式园林。英国皇家建筑师张伯斯两度游历中国，归国后著文盛谈中国园林并在他所设计的丘园（Kew Garden）中首次运用所谓"中国式"的手法，如图1-2-26。

（三）西亚园林

位于亚洲西端的叙利亚和伊拉克也是人类文明发祥地之一，后渐发展到以巴比伦、埃及、古波斯为代表。由于当时几何学比较发达，几何形体的审美特质以及几何学的概念被应用到园林中，主要是花园和教堂，并且通过这种形体模拟他们认为的天堂景观，形成了伊斯兰教的园林特色。同时该地区大多为高原，雨水稀少，高温干旱，因此水被看作是庭院的生命，所以西亚一带造园必有水。它们采取方直的规划、齐整的栽植和规则的十字交叉型水渠，整个园林风貌较为严整。

● 图1-2-24 英国切兹渥斯庄园花园　● 图1-2-25 维尔顿府里的中国桥　● 图1-2-26 英华庭院邱园中中国佛塔

其中圣经中所记载的伊甸园被称为"天国乐园"，古巴比伦王国尼布甲尼撒国王为王妃在宫殿上建筑的"空中花园"，都为西亚园林的发展产生了重要影响。

1. 波斯（伊斯兰园林）景观

波斯在公元前6世纪时兴起于伊朗西部高原，建立波斯奴隶制帝国。这里气候干燥少雨而炎热，又多沙漠，对水极为珍惜，而伊斯兰教园更是把水看成是造园的灵魂，故而波斯园林中水元素被广泛应用到造园活动中，在庭院中常以十字形水渠的形式出现，"天堂园"是其代表。它是人类最早的人造水景景观，此类园林四面有围墙，其内开出纵横"十"字形水渠（图1-2-27、图1-2-28），分别代表天堂中水、酒、乳、蜜四条河流，分出的四块绿地栽种花草树木，同时道路交叉点修建中心水池，象征天堂，其代表的有印度泰姬陵。波斯园林的主要设计理念突出了对伊甸园及索罗亚斯德教四大元素——天空、水、大地、植物的象征意象。这种造园手法后来传到意大利并成为欧洲园林不可少的造景手法。

2. 印度伊斯兰园林

印度是世界古老的文明古国之一，多年的异族侵略，直达16世纪北方穆斯林入侵，建立了莫卧儿王朝，印度最终得到发展，出现了印度、土耳其、阿拉伯和波斯文化融为一体的现象，逐渐形成了伊斯兰园林风格特征，在莫卧儿第五代皇帝沙贾汗为其宠后泰姬·马哈尔修建的陵墓中就可以看出。该陵墓建于1632年，占地17公顷，陵墓全用白色大理石砌成，陵墓移到了后面，使整个花园完整地呈现在陵墓之前。庭院部分以建筑物的轴线为中心，建筑的外形采用清真寺的尖顶和尖行的拱门，取左右均衡、简单的布局方式，在十字型水渠的中心筑造了一个高于地面的白色大理石喷水池。具体如图1-2-29、图1-2-30。

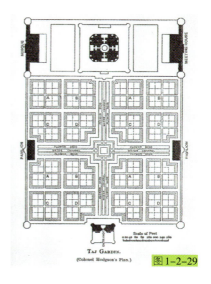

● 图1-2-30　泰姬陵效果图

项目二
园林设计要素

园林是指以一定的地域用工程技术和艺术手段，通过改造地形（或进一步筑山、叠石、理水）、种植树木花果、营造建筑和布置园路等途径创造而成的美的自然环境和游憩境域。所以说构成园林景观的有地形、水景、植物、建筑小品，这些要素相辅相成，共同构成景观。本章将通过对园林设计要素的概述及各要素的设计要点等方面来分别介绍它们在设计中的功能和造景方法。

本项目任务目标：掌握园林景观设计要素地形、植物、铺装、建筑小品、水景的设计要点，并能合理组织应用它们。

任务一
认识地形设计

园林景观设计需要依托于大地，地形的高低开阖决定了景观环境的基础骨架，它对景观中其他自然设计要素的作用和重要性起支配作用。无论是景观中的山地、丘陵，还是园林中的池水、溪泉，都应充分利用其本身的地形，以构成园林佳景。正如《园冶》所说"惟山林最胜，有高有凹，有曲有深，有峻有悬，有平有坦，自成天然之趣，不烦人事之工。"这种地形重在依山就势地利用，因此，我们在景观设计的过程中，如果设计师了解场地环境的特点，熟悉土地的性状，在设计中本着"因地制宜"的原则进行适当改造，发挥地形和地貌的优势，往往会使设计方案产生事半功倍的效果。本小节将针对地形这一要素展开讨论。

一　什么是地形

地形是所有室外活动的基础，地形是地物形状和地貌的总称，指地球表面三维空间的起伏变化，它既是一个美学要素，又是一个实用要素。在景观设计中我们经常把地形分为大地形、小地形和微地形来理解。其中大地形一般指的是高山（图2-1-1）、山谷（图2-1-2）、丘陵（图2-1-3）、草原以及平原（图2-1-4）。小地形指的土丘、台地、斜坡、平地，或因台阶和坡道所引起的水平面变化的地形。微地形则指地表示微弱起伏或波纹，或是道路上石头和石块的不同质地变化。总之，地形是外部环境的地表因素。

在外环境中，地形有着极其重要的意义，它被认为是构成景观任何部分的基本结构因素。设计师在设计过程中应首先对地形进行分析研究，把场地基址、空间以及其他因素与原来地形的内在结构保持一致。一个有经验的设计师应熟练读懂场地地形图，并能理解地形对设计或布局的整体意义。如图2-1-5江浙一带利用其本身江南水乡特色建立了以小溪为带贯穿整个场地，而图2-1-6的广西龙胜的梯田利用等高线的形式来表现整个梯田田园风光。

图2-1-1

图2-1-2

图2-1-3

图2-1-4

图2-1-5

- 图2-1-1　高山地形
- 图2-1-2　山谷地形
- 图2-1-3　丘陵地形
- 图2-1-4　平原地形
- 图2-1-5　江南水乡

图2-1-6

二 地形的功能是什么

地形在室外环境中有许多的使用功能和美学功能，这些作用在设计中非常普遍自然，但在所有的设计中，地形的使用全依赖于设计师的技能来表现。设计师根据地形的具体情况结合场地的位置、大小、形状、高深、空间关系等的整体关系进行总体布局。

（一）地形与环境因素关系

1. 地形的排水

地形可看作是由许多复杂的坡面构成的场地，地表的排水由坡面决定。地形过于平坦不利于降水后的排水，容易积涝。而坡度过大则会难以保持水土，容易形成水土流失、山体滑坡等危险。如下图三种不同地形对于地面排水的区别。因此，合理的地形设计创造一定的地形起伏，保证良好的自然排水条件在设计中很重要。

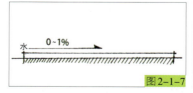
图2-1-7

图2-1-8

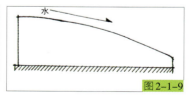
图2-1-9

● 图2-1-6 梯田地形，通过地形的梯度感体现山地起伏地形的另一番美感。如具有代表性的云阳梯田。
● 图2-1-7 地形过于平坦不利于排水　● 图2-1-8 有一定坡度利于排水
● 图2-1-9 坡度过陡易造成山体滑坡

2.改善小气候

地形在景观中可用于改善小气候，能创造不同的小环境，并可影响园林某一区域的光照、温度、风速和湿度等。不同季节要考虑不同地形的光照和风速。例如，冬天人们就喜欢到山坡的阳面晒太阳，到山坡的阴面抵御寒风；而夏季人们喜欢到山坡阴面乘凉，到阳面吹风。所以，我们应该合理并综合地考虑这一场地的各种环境因素来利用地形。

一般小气候常常产生在山体和建筑物的附近。在中国古代最好的建筑格局必须要阴阳结合，这才是完美的藏风聚气的风水宝地，而这一宝地正是对地形的合理利用，使人们居住在舒适的环境中，也就是所谓的负阴抱阳，背山面河的这样一种地理位置选择。例如，故宫的建筑格局以坐北朝南这一轴线关系背靠景山，前抱金水河。

3.地形的骨架作用

地形是整个景观场地的载体，它为所有景观和设施提供了赖以生存的基面。地形甚至能影响到整个景观场地的景观格局。例如，较为平坦的景观用地，在设计师综合考虑后，场地往往会被用于塑造地形变化幅度小的开阔式风景园，或者是开凿为面积较大的以水面为主题的景观；若是地形起伏较大，变化颇多，则往往会被塑造为奇突的峰林或是幽僻的山林景致。

例如，法国的凡尔赛宫（图2-1-10）就是直接顺应利用法国平坦的地势，创造了大面积的规则图案式的几何形园林。意大利的台地园造园，例如，兰特庄园别墅（图2-1-11）就依照意大利丘陵地势，将整个园林景观建造在一系列高程不同的台地上，以一种从低到高递进式的景观层次引人入胜。英国的自然式风景园林（图2-1-12）也是利用地形创造出一幅行云流水的风景画，并明显地表现了英国式乡村田园风格的地理地貌特征。

4.分割空间

地形具有构成不同形状，不同特点的景观空间的作用，地形是天然用来分隔空间的工具，盆地和谷地本身就是直接被地形分割出来的独立空间，而且坡度越高越陡，则空间限制力越强。对于通过地形分割空间的手段主要是对以下三个要素的控制：空间的底面范围、斜坡的坡度、地平轮廓线。园林景观设计师能利用这三个要素来创造不同的空间形式。例如，利用斜坡的坡度来控制空间的封闭性形成私密空间或开阔的空间，如图2-1-13。

● 图2-1-10　法国园林凡尔赛宫利用平坦地形布局图案式园林　　● 图2-1-11　意大利兰特庄园利用台阶水体连接不同地形平台　　● 图2-1-12　英国斯陀园利用丘陵起伏地形布局自然园林景观

图2-1-13

　　景观空间的围合，需要地形、植物、构筑物或建筑、水体等几种景观元素来共同进行的，而其中地形是最基础的也是用得最多的。地形围合起来的空间具有其他景观元素围合空间达不到的效果，而且在复合型连续的大空间塑造方面也是占尽优势。地形能对经过空间的立面及竖向加以限定，其他的景观元素再在此基础上进行设计调整。

5. 利用地形进行"挡"和"引"

　　地形的起伏不仅丰富了园林景观，还创造了不同的视线和观景条件，形成不同的空间效果。地形能在景观中将视线导向某一特定点，影响可视景观和可见范围。例如，为了突出焦点景物，把视线旁边的两侧地形增高。又或是抬高某一地形，强调一个特殊景物，让人们更容易观察到（图2-1-14）。也可利用地形来阻挡视线、人的行为、冬季寒风和噪音等，但这种做法必须达到一定规模和体量。例如，对不雅景观或不愿意让人们关注的景观，通过塑造地形让其屏蔽的做法。英国园林景观也运用了堆筑土坡的手法来遮挡墙体和围栏。

图2-1-14

● 图2-1-13　斜坡塑造场地空间，创造私密空间　　　● 图2-1-14　通过抬高地形突出中山陵威严气势通过地形的遮挡和吸引还可建立一个连续的空间序列，通过这种挡引的做法交替展现吸引和屏蔽景观的手法以此吸引人们进入。就类似于中国古典造园大门入口的障景手法，当你进入空间而仅看到一个景物的一部分时，必然会对隐藏部分产生一种期待感和好奇心。设计师经常会利用这种手法，来创造一个连续性变化的景观，来引导人们。

（二）地形景观作用

地形自身也能创造出优美动人的景观观点供人们欣赏，如著名的喀斯特地形和丹霞地貌，吸引众多游人观看，如图2-1-15。我们在地形处理中应该尽情地利用具有不同美学表现的地形地貌，设计成具有不同风格的千姿百态的峰、岭、谷、崖、池、涧、堤、岛、渊等人造地形景观。例如，云阳的哈尼梯田（图2-1-16），沿着等高线布置的梯田景观相当壮观美丽。

地形还有许多潜在的视觉特性。在景观中，地形可以通过现有手段塑造成具有特点、美学价值的景观。例如，对地形的造型，我们又称为"大地艺术"。许多艺术家都利用各种手段通过对地形的塑性形成不同特色的大地雕塑作品，如图2-1-17。

- 图2-1-15　美丽的丹霞地貌
- 图2-1-16　云阳哈尼梯田景观
- 图2-1-17　哈佛大学某处教学楼的旁边，巨大的石头摆成圆形阵列，场地中央设置有旱喷，烟雾缭绕给人一种神秘感。

三 地形的类型有哪些

就风景区范围而言，地形包括复杂多样的类型，如山谷、高山、丘陵、草原以及平原。从园林范围来讲，地形包括土丘、台地、斜坡、平地，或因台阶和坡道所引起的水平变化等。对于园林造景来讲，我们将从以下几种地形来进行分析。

（一）平地形及其造景设计

该设计指的是平坦或微坡的地形，它并不是完整意义上的平地形。一般指地形中坡度小于3%的比较平坦的用地。

平坦地形特点：

所有地形中最简明、最稳定的地形。视觉中性，宁静悦目，给人一种舒适和踏实的感觉，适合作为人们站立、聚会或坐卧休息的一个理想场所（如图2-1-18）。因而，我们在设计中都是在平地形上或专门改造地形来开辟出平坦地形来设立休息集散场地，即使是在山体陡坡中我们也会用支架挑出木平台供人驻足停留（如图2-1-19）。

平坦地形不受遮挡，视线开阔，容易和其他要素构成统一协调感，成为造景的背景和基底。例如，法国文艺复兴时期的平面图案式花园风格，就是在利用法国本身地广平坦的基础上，进行的规则图案式构图，成为了最具魅力的视觉连接体。长而笔直的轴线和透视线，大面积的静水，错综复杂的花坛图案等都是表现平坦地形特征的因素和造型。

但是平坦地形缺乏三维空间感，给人一种开阔空旷、暴露的感觉，看不到封闭空间的迹象，没有私密性。在设计中往往通过其他设计要素来增加空间立体感，比如通过增加植被、墙体来实现。

平坦地形对于水平面上的景物有一种协调感，它们能很好地融入在一起。但是，如果我们在设计场地中增加任何一竖向上的景观都会形成对比而形成视线焦点，如图2-1-20。所以，我们经常在造景设计中利用这一特点，来突出醒目的色彩和形状的景观要素。例如，

● 图2-1-18　平坦地形供人停留休息　　　　● 图2-1-19　山地中设立平台休息

在宽阔的操场上设置的升旗台，广场抬升的舞台或竖向空间的雕塑都给人以醒目的视觉效果。

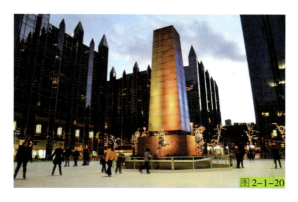

（二）凸地形及其造景设计

地形比周围环境的地形高，视线开阔，具有延伸线，空间呈发散状，此类地形称为凸地形。凸地形的表现形式是土丘、丘陵、山峦以及小山峰。与平地形相比，它是一种动态感和进行感的地形。

纵观我们的设计可发现凸地形在设计中是代表权利的力量象征，景观会成为视线集聚并醒目。古人对自然界的许多实物都怀着敬畏的心理，而对于自然中高山崇拜是最基本、最普遍的几种崇拜之一。古代的军事要地都筑在高地，古时的宫殿楼宇都是抬高地形修建台阶以象征皇帝皇权的至高无上，如图2-1-21、图2-1-22。

所以，我们在设计中利用了凸地形这一形式给人们的心理暗示，在一些重要的建筑物比如政府大楼、教堂等，都会通过抬高地形把它们设置在凸地形的顶部，以显示其庄严之感。例如，重庆沙坪坝烈士墓红岩魂广场（图2-1-23）就通过抬高地形，把红岩魂雕塑群体修建在凸地形，以充分展示其受人瞻仰、纪念、朝拜的荣耀。

中国五岳之一的华山以其险峻著称，在设计中为了更加突出其雄伟和险峻，我们通过布局垂直其等高线设置了登山步道，让人们对其产生更强的尊崇感和险峻感，正所谓"高山仰止，景行行止"，如图2-1-24。反之，如果要削弱这种感觉，我们就可以沿着等高线设置盘山公路来表现，如图2-1-25。

● 图2-1-20　平坦的广场上竖向雕塑形成焦点　　● 图2-1-21　长城作为重要的古时边关军事要地
● 图2-1-22　抬高建筑以象征皇权身份地位

凸地形在景观设计中还可作为焦点物或具有支配地位的作用，如果在地形设置竖向上的景观，那么其焦点特性会更加显著。例如，颐和园万寿山上的佛香阁，在广阔的昆明湖的衬托下形成的控制感，并成为整园的焦点标志性景观。

凸地形在视线上不受阻挡，具有外向性，是非常好的观景点。我们经常在设计中利用这一特点，在凸地形顶端设置一观景平台，提供人们驻足观赏风景。

（三）凹地形及其造景设计

凹地形比周围环境的地形相对较低，空间呈集聚性。凹地形并非一片实地，而是不折不扣的空间，它们属于户外活动的基础结构。在凹地形中，空间制约的程度取决于周围坡度的陡峭和高度，以及空间的宽度。

凹地形具有封闭性和内倾性，所以很适合作为理想的表演舞台。例如，大家看到的操场、体育馆、篮球场等，都是在场地周围修建一圈具有斜坡的坐凳，提供人们观看比赛使用。

● 图2-1-23　沙坪坝烈士墓红岩魂广场　　● 图2-1-24　华山苍龙岭　　● 图2-1-25　沿着等高线设置的盘山公路

（四）坡地及其造景设计

坡地就是倾斜的地面，坡地使景观空间具有方向性和倾向性，它打破了平地地形的单调感，使地形具有明显的起伏变化，增加了地形的生动性。在地形设计中，地形的坡度不仅仅关系到地表的排水、坡面的稳定，还关系到人的活动、行走和车辆的行驶。

（1）缓坡地

坡度在3%~10%之间，一般布置道路、场地和建筑均不受地形约束。这类地形的排水条件很好，而且具有一定的起伏感，地形变化生动有趣。

（2）中坡地

坡度在10%~25%之间，高度差异在2~3米之间。这种坡度有过于陡斜的感觉，故而这类坡度尽量少动土方。在这种斜坡的高处通常视野开阔，能观察到四周的美丽景观。

（3）陡坡地

坡度在25%以上的坡地即为陡坡地。这类坡地不容许进行大规模的开发和利用，一般难于用作活动场地或水体造景用地。但若对该种状况的地形使用得当，它能创造出独特的景观。

四 地形如何在景观设计中布局和造景

自然地形是大自然所赋予的最适形态，它们是长期与大自然磨合的结果。适应它们就是要与适应这种地形的自然力和条件相和谐。在景观园林设计中，场地环境是最基本的部分。这些要素包括植物、铺地、水体和建筑。因此，所有设计要素和外加在景观中的其他因素都在一定程度上依赖地形，并相互联系，设计师如合理利用了地形会为设计增加更好的景观效果。

图2-1-26所示是一个由美国艺术家charles jencks通过地形塑造完成的景观项目，主题为"细胞生活"。"细胞生活"是八个景观地貌与四个湖泊还有连通它们的长堤一起组成的大地景观雕塑。整个公园意在表现细胞的生长、增殖以及分裂增生等，用各种各样的细胞雕塑展示整个细胞的生活过程。

图2-1-26

任务二
认识植物设计

随着生态园林建设的深入和发展以及景观生态学等多学科的引入，植物景观的内涵也随着景观的概念范围不断扩展。这时，我们再来考虑植物这一景观要素时，除了植物本身的观赏特性和搭配特点外，还应有更深层次的思考，如何把握植物观赏特点和生态的综合应用将是我们未来景观设计方向。

● 图2-1-26　通过地形来展示的"细胞生活"景观

园林植物要素从景观层面来说，需要遵循一定的组合规律，巧妙而充分地利用构景要素，即植物的形貌、色彩、线条和质感等来进行构图，体现出植物个体及群体的形式美，使人们在欣赏时感受到意境美，并通过植物的季相及生命周期的变化，使其成为一幅活的动态图画。利用植物来营造自然景观，不但以其色、香、韵、姿、趣等成为城市景观建设和风景区绿化的重要材料，同时还可作为衬托其他景观设计的题材，形成生机盎然的画面。实践证明，景观设计质量的优劣，很大程度上取决于植物的选择和配置，如图2-2-1、图2-2-2。

图2-2-1

图2-2-2

园林植物要素从生态层面来说，是指要遵循植物生长的自身规律及对环境条件的要求，因地制宜、适地适树，合理科学配置，使乔木、灌木、地被、攀援、岩生、水生，以及常绿、落叶、草本等植物共生共存，并使喜阳、耐阴、喜湿、耐旱的各类植物各种其所。简而言之，就是人们常说的"师法自然"。

同时，我们在设计中栽植植物能改善环境，调节空气湿度和温度、遮荫、防风固沙、保持水土、维持气体平衡，并有效改善城市工业污染环境，营造出良好的城市小气候环境。比如，上海的延中绿地和纽约的高线公园（图2-2-3），都是在最繁华的都市中建立起园林绿地，并以此改善城市的工业化环境。

图2-2-3

● 图2-2-1　图中建筑景观通过不同高低层次、不同类型的植物组合的衬托，形成生机盎然又神秘别致的景观　● 图2-2-2　图中的建筑景观正处于硬景施工中，还没有进行植物的种植搭配，给人色彩单一、缺乏生机的不适感　● 图2-2-3　纽约高线公园

二 怎样展现植物的园林美

（一）色彩的搭配

艺术心理学家认为视觉美最敏感的是色彩，其次才是形体、线条等，我们的园林植物美也主要通过引起视觉美来呈现。园林植物的色彩丰富，可通过枝、叶、干、果、花来表现各种不同的艺术效果，以此营造缤纷的色彩景观。同时不同色调的植物在不同的光影效果下会有不同的效果，在设计应用上应考虑到光影对植物影响而进行合理的搭配，以取得更好的观赏效果。

1. 花色搭配

从园林植物的花色而言，不同的颜色给人以不同的心理感观。

如黄色花系，给人以光明、活跃、高贵和轻快的感受，同时给人带来一种温馨感。在园林中，明快的黄色有独特的作用，幽深静谧的风景林地中，如在林中空地或是墨绿的林缘线边缘添置一抹或一丛黄色的乔木或是花灌木，如银杏、无患子、迎春花、连翘、蜡梅、黄木香、金桂等，即可使林中顿时明亮起来，给人以欢快的氛围，同时在空间感中也会有画龙点睛之感（如图2-2-4）。

而蓝紫色花系，给人以宁静、深远的感觉，多用于安静休息区。在园林中，开蓝紫色花的植物较少，属于冷色花系，花期大多在夏季，恰好用冷色来平静人们的心灵去除酷暑之感。常见开蓝紫色花的植物有紫丁香、紫玉兰、紫藤、二月兰、鸢尾、泡桐、八仙花、醉鱼草等（如图2-2-5）。

白色花系，属于中性花系，象征着纯粹与纯洁，表示和平与神圣。白色的明度最高，人看到白色易产生纯净、清雅、神圣、安适、高尚、无邪的感觉，使人肃然起敬。白色可使其他颜色淡化而使人有协调之感，如在暗色调的花卉中，混入大亮白色花，可以使色调明快起来。单独成片的白花有时因过于素雅而有冷清甚至孤独、肃然之感。常见开白色花的植物有茉莉、白玉兰、珍珠梅、栀子、女贞等（如图2-2-6）。

● 图2-2-4 黄色花起到画龙点睛效果　　● 图2-2-5 蓝色薰衣草花境

红色花系，喜庆、温馨浪漫、欢快活泼的光辉色彩，是暖色系中最温暖的色，它使人联想到丰收的秋天，丰硕的果实，是一种富足、快乐而幸福的颜色。在节日里红色花系和黄色花系常组合搭配突出热烈的节日氛围，开红色花的有海棠、桃、一串红等（如图2-2-7）。

在现实植物配置中，我们往往是利用多种植物进行组合搭配，这个时候应注意不同色彩植物搭配技巧（如图2-2-8、图2-2-9）。

花色搭配中，一般相近色系相组合，形成花坛、花境景观。暖色系的组合给人温暖、热闹感，常用在节假日或主题活动中。冷色系的组合给人凉爽、深远、清静、宁静之感。常用在公园、溪边等面积较大的空间场所。

- 图2-2-6　白色系花给人舒适安静感
- 图2-2-7　红色系花温馨浪漫的景观效果
- 图2-2-8　多色花卉搭配植物效果
- 图2-2-9　多色花卉搭配植物效果

2.叶色搭配

叶的颜色丰富，观赏价值高，是园林中的主要色彩组成。根据叶色的深浅、随季节的变化等特点，园林应用中常见的类型包括以下几种：

（1）绿叶类

绿色属叶子的基本颜色，绝大多数景观植物在年生长周期中的大部分时间内均为绿色的，这类植物在植物配置中常作为基调背景使用。

（2）秋色叶类

凡在秋季叶子颜色能显著变化的植物，均称为秋色叶植物，主要以木本植物为主。秋叶呈红色或紫红色的有鸡爪槭、三角枫、茶条槭、五叶地锦、黄连木、南天竹、乌桕等；秋叶呈黄色的有银杏、白蜡、复叶槭、鹅掌楸、槐树、白桦、悬铃木等。

（3）常色叶类

有些植物的变种或品种，叶常年均为异色，而不必待秋季来临，特称为常色叶树。全年呈紫红色的有紫叶小檗、紫叶李、红枫等；全年叶均为金黄色的有金叶鸡爪槭、金叶圆柏等。

园林植物的基本色彩是绿色，它成为了园林色彩中的基本色、背景色；而除去常绿植物以外，大多数植物都会在秋季有着变黄、变红直至冬季落叶的生命过程，因而，在植物叶色的园林组合中，出现了常见的三种组合方式：①色调不同的绿叶组合（如图2-2-10）；②色调不同的红叶组合（如图2-2-11）；③"万绿丛中一点红"的组合方式（如图2-2-12）。

图2-2-10

图2-2-11

图2-2-12

● 图2-2-10 在植物的组合上，选择叶色深浅不一的绿叶类植物。利用偏冷色调的绿叶组合，烘托出日式园林的宁静、纯粹与禅意之美

● 图2-2-11 在一片相对广阔的公园、山体中，运用不同色调（偏红或偏黄）的红叶植物组合，形成独具特色的秋色叶景观效果

● 图2-2-12 "万绿丛中一点红"，是园林植物造景中最常用的手法。在考虑植物的乔—灌—草不同层次搭配的基础上，点缀几株或一丛常色叶植物，起到画龙点睛、突出构图焦点的作用

3.季相的组合

园林植物与景观建筑最大的区别在于"时间"。园林中不同的季节、不同的天气特征、一天中的不同时段，植物景观表现各异，从而体现出园林植物的灵性与变化之美。春花，夏荫，秋叶，冬实是植物个体在四季中表现出的季相变化之美。而作为植物群体景观，则需要考虑如何通过不同植物的组合搭配，做到"四季有景，景色各异"。春、夏景观一般选择赏花类植物；秋季以赏秋色叶植物为主；冬季少花期，则利用常绿类植物弥补不足，或选择梅花、蜡梅、山茶等少数冬花品种。以上四季观赏植物相组合，形成完整的植物组团以及整体园林植物景观（如图2-2-13）。

图2-2-13

（二）形体搭配与空间组合

不同高低形态的植物，均衡地搭配使用才能使设计更加令人悦目。

例如，垂直生长的高大植物可用于创造突出的景观，在植物景观设计中增加高度方面的因素（如图2-2-14）。

悬垂形态的植物可形成柔和的线条并与地面发生有机的联系（如图2-2-15）。

图2-2-14　　　　图2-2-15

圆球状的大体量植物适用于构成大的丛植，作为边界和围栏（如图2-2-16）。各种形态的植物可利用形状和材料的对比来构成突出的景观，以避免设计的单调。

- 图2-2-13　日本轻井泽虹夕诺雅温泉度假村植物季向变化
- 图2-2-15　悬垂生长型植物
- 图2-2-14　垂直生长型植物

而质地种类太少，布局会显得单调，但若种类过多，布局又会显得杂乱。对于较小的空间来说，这种适度的种类搭配十分重要，而当空间范围逐渐增大，或观赏者逐渐远离所视植物时，这种趋势的重要性也将逐渐减小。

图2-2-17中，另一种理想的方式是按比例配置不同质地类型的植物，如使用中层植物作为上层和下次植物的过渡成分。不同质地植物的小组群过多，或从上层到下层植物的过渡太突然，都易使布局显得杂乱和无条理。

图2-2-16

图2-2-17

任务三

认识园林铺装设计

园林铺装，是指在园林环境中运用自然或人工的铺地材料，按照一定的方式铺设于地面形成的地表形式。它是风景园林中非常重要的构景要素，通过独具匠心的合理搭配色彩、质感、构型和尺度关系，形成优雅的铺装景观、提高整体环境空间的文化品位和艺术质量。作为园林景观的一个有机组成部分，园林铺装主要通过对园路、空地、广场等进行不同形式的布局组合，贯穿游人游览过程的始终，在营造景观空间的整体形象上起到辅助衬托的重要作用。

一 常见的铺装材料有哪些

园林铺装根据其使用材料的不同，主要分为整体路面、块材路面和碎材路面三大类。下面，我们将对常用的铺装种类进行介绍。

● 图2-2-16 圆球型植物

（一）整体路面

　　整体路面是指一定铺装材料进行统铺后形成统一的铺装面，常采用沥青混凝土、水泥混凝土等材料，具有平整、耐压、耐磨、整体性好的特点。近年来，随着材料性能和施工工艺的改进，利用彩色水泥、彩色沥青混凝土，通过拉毛、喷砂、水磨、斩剁等工艺，可做成各种仿木、仿石或图案式的色彩丰富的整体路面。

1. 沥青类铺装

　　沥青类铺装具有表面粗糙不易滑倒、吸收噪音、大面积施工快速高效等优点，在景观道路铺设中得到大量运用，如公园道路铺装、儿童活动场地铺装等。考虑到园林观赏性，景观铺装中多数使用彩色沥青增加趣味性和景观性（如图2-3-1），其主要是指添加了颜料或使用了彩色骨料的沥青铺装。

2. 现浇混凝土铺装

　　现浇混凝土铺装比较适合在无固定形态的铺装中，施工快速方便，造价相对较低且无需过多的养护。但是它透水性相对较差，故而使用此种材料时应考虑具体场地应用。目前，在园林景观中常用水洗露出工艺（如图2-3-2），指在混凝土板浇筑后，采用表面喷洒缓凝剂和洗刷机械，将表面水泥浮浆洗

刷掉露出骨料的做法。这种铺装通常色彩亮度较低，效果柔和，适用于与旧有建筑相匹配的文化保护区、科技文教区以及大面积的道路、公园、广场。

（二）块材路面

　　块材路面是园林中最常使用的路面类型。它是指利用规则或不规则的各种天然、人工块材铺筑的路面，材料包括强度较高、耐磨性好的花岗岩、青石板（文化石的一种）等石

● 图2-3-1　彩色沥青路面　　　　● 图2-3-2　现浇混凝土广场

材、陶瓷砖、预制混凝土块等。这种类型铺装坚固、平稳，适合人们行走，多用于人行道或小型车辆的行车道等。

　　园林中常利用形状、色彩、质地各异的块材，通过不同大小、方向的组合，构成丰富的铺装图案（图2-3-3）。这种路面不仅具有很好的装饰性，还能增加路面防滑，减少反光等物理性能。其中对于铺设时留缝较宽的块材路面和空心砖路面，还可利用空隙地植草，形成生态型路面，如停车场路面的嵌草铺装（图2-3-4）。

1.自然材料

　　自然材料指取自自然，直接简单处理应用的材料，如河塘石、卵石、原木等，常用作园林路面、汀步等仿自然风格的园林设计中（图2-3-5、图2-3-6）。

2.半自然材料

　　半自然材料指取自自然，但经过人工加工过，不改变材料的自然特性的铺地材料，如花岗岩、板岩、青石等块材石材的使用（图2-3-7、图2-3-8）。

● 图2-3-3　丰富的铺装图案　● 图2-3-4　生态嵌草铺装路面　● 图2-3-5　自然材料铺地，质朴随意
● 图2-3-6　木板铺地

图2-3-7

图2-3-8

　　这类材料在园林景观使用最多的是石材铺装，无论是具有自然纹理的石灰岩，还是层次分明的砂岩、质地鲜亮的花岗岩，都具有很强的装饰性和耐用性。在具体的设计中，景观设计师喜欢利用石材的不同品质、色彩、石料饰面及铺砌方法能组合出多种形式。本书将针对石材的表面处理方式及应用进行浅析。

　　在园林景观中常用的石材面层有光面、拉丝面、火烧面、荔枝面、剁斧面、菠萝面、自然面（图2-3-9）等。

　　光面：表面平滑，有镜面效果和光泽。此种铺装不适合大面积铺装，下雨易滑。

图2-3-9

　　荔枝面：表面粗糙，凹凸不平，是用凿子在表面上凿出小洞。

　　菠萝面：表面比荔枝面加工更加的凹凸不平，就像菠萝的表皮一般。

　　剁斧面：此面又叫龙眼面，是用斧剁敲在石材表面上，形成非常密集的条状纹理。

　　火烧面：表面粗糙，高温加热之后快速冷却就形成了火烧面，一般是花岗岩。

● 图2-3-7　块石道路　　● 图2-3-8　青石板铺地　　● 图2-3-9　依次为自然面、荔枝面、火烧面、拉丝面

自然面：一般是用人工劈凿，效果和自然劈相似，但是有石材的中间凸起四周凹陷的高原状的形状，常用于人车分流或道路减速带中。

拉丝面：此面也叫机刨面，是用锯片或者专用磨轮在石材表面拉出浅沟或者凹槽。它是石材的一种特殊加工工艺，能够起到防滑跟纹理特别的质感。

3.人工材料

人工材料指通过人为加工形成的铺地材料，多为各种类型的砖块材料，用于路面、停车场等铺地中（图2-3-10、图2-3-11）。

（三）碎材路面

碎材路面是指利用碎（砾）石、卵石、砖瓦砾、陶瓷片、天然石材小料石等碎料拼砌铺设的路面，主要用于庭院路、游憩步道。由于材料细小，类型丰富，可拼合成各种精巧的图案，能形成观赏价值较高的园林路面，江南的私家园林里常见的传统花街铺地即是一例。

碎（砾）石包括了三种不同的种类：机械碎石、圆卵石和铺路砾石。机械碎石是用机械将石头弄碎，再根据碎石的尺寸分级。圆卵石是在河床和海底被水冲刷而成的小卵石，常用来作碎石拼花。铺路砾石是尺寸在15~25毫米由碎石和小卵石组成的天然材料，嵌入基层中，通常这用在有一定坡度的排水系统（图2-3-12、图2-3-13、图2-3-14）。

● 图2-3-10　不同颜色面砖拼花广场　　● 图2-3-11　青瓦立拼广场　　● 图2-3-12　碎石碎铺路面

二 如何在景观设计中进行铺装设计

在硬质铺装的设计上，铺装元素及艺术表达主要包括四个方面的内容：尺度、材质肌理、色彩和图案。通过不同色彩和纹理图案的地面铺装，从而使场地形成空间上的分割与变化，视觉上的引导，以及设计主题和意境氛围的体现。

（一）铺装的尺度感

铺装在硬质景观中所占面积比重很大，因而对园林景观的视觉风格和功能性质都有着较大的影响。特别是铺装的尺度对空间的效果至关重要，主要是铺装图案和铺装材料的尺寸。一般来说，大面积铺装地面应使用大尺度的图案形式及铺装材料，这样有助于形成统一的空间效果，反之亦然。

例如，对于园路中线路较长，路幅较宽的车行道，选用单位尺度较大，且较厚（50毫米以上）的块材铺地，或直接选择沥青、水泥等整体性铺地材料（图2-3-15）；对于大面积的广场铺装，同样会选用单位尺度较大（如：400mm×600mm，400mm×400mm）的花岗岩、板岩等块材铺地（图2-3-16），而对于园路中的细小曲折的游步道、汀步等小面积的线性空间场所，则会选用碎拼、鹅卵石等碎材铺地，增加灵动趣味性（图2-3-17）。

● 图2-3-13 砾卵石铺地　　　　● 图2-3-14 卵石拼花路面

图2-3-15

图2-3-16

图2-3-17

（二）铺装的材质肌理

不同材质的铺装材料给人们造成不同的视觉或触觉的感受，会营造出不同的设计风格。铺装的美往往大多来自于材料的质感，在设计中应根据场地自身的特性和功能要求，以及不同的园林主题风格选择不同材质的铺装。如在园林景观设计中常见的花岗岩、板岩、锈板、砂岩、文化石、卵石、陶瓷砖、木板等材料。一般来说在人聚集较多的公共空间适宜用质地相对平滑、厚实的材料，给人稳重的感觉；而供人休息的小空间就适合选择质地相对清晰、精细的材料，给人精致、柔和的感觉；对于提醒人们到达不同空间也可用不同的材质铺装来起到中介和过渡的作用。

图2-3-18为花岗岩，具有耐腐蚀性，平整性，适合规整现代式的园林风格，常用于休闲广场铺装、台阶踏面、园路边线等。需注意在大面积的广场铺装中，为达到防滑的目的，切忌大量使用光面花岗岩铺面。

图2-3-19为板岩，耐气候变化和耐污染，同时材质本身具有自然性，不平整性，适合打造自然式，创意式园林景观。经常用来铺设园路小径，装点泳池周边，塑造喷泉等，将传统和现代风格相结合。

图2-3-20为锈板，是板岩中常用的一种，常用作艺术性景墙贴面。绚烂的色彩和多变的图案，成为设计师喜爱运用的一种铺装材料，它具有暖色调的亲和力，营造出轻松愉悦的氛围。

图2-3-18

图2-3-19

图2-3-20

- 图2-3-15　车行路面铺地
- 图2-3-16　广场铺装
- 图2-3-17　游步道铺装
- 图2-3-18　花岗岩
- 图2-3-19　板岩
- 图2-3-20　锈板

图2-3-21为砂岩，由石英颗粒（沙子）形成，结构稳定，通常呈淡褐色或红色，具有无反光、不风化、不变色等特点。砂岩材质符合西方传统欧式园林风格，所营造的景观氛围是庄重、典雅的，常用在景墙、花台、喷泉等的贴面铺装中。

图2-3-22为文化石，其材质表面凹凸不平，是一种仿自然的铺装材料，适用于公共建筑、别墅、庭院、公园、游泳池等外墙面的装饰，营造一种自然、优雅、返朴归真的环境氛围。

图2-3-23为卵石，主要用于庭院路、游憩步道，由于材质细小，类型丰富，可拼合成各种精巧的图案，能形成观赏价值较高的园林路面，在中国古典园林、自然式园林景观中适合使用。

图2-3-24为透水砖类路面铺装，常常应用于市政人行道、小区园路的人行路面，具有造价低，耐久性好等应用特点。

图2-3-25为陶瓷砖，材质属于亮面型，表面光洁如镜，是一种高档陶瓷产品，可用于建筑物的墙体贴面、水池马赛克拼贴，用抛光砖装饰的建筑物具有富丽堂皇、华贵气派的风格特点。

● 图2-3-21　砂岩　　　　　● 图2-3-22　文化石　　　　　● 图2-3-23　卵石
● 图2-3-24　透水砖　　　　　● 图2-3-25　陶瓷砖

图2-3-26为木材，是一种温暖、有活力的材料，无论是观赏还是触摸都能让人感觉舒服，缺点是耐腐蚀性差，价格略微昂贵，施工中需要根据成本决定，一般别墅庭院、水边栈道、山体栈道中适用。

图2-3-26

（三）铺装的图案样式

景观铺装以多样的图案、纹理样式来衬托和美化环境，起到引导视线，指引空间甚至加深空间意境的作用。早在我国古代园林铺装的图案样式就已经丰富多彩，如明清时期江南私家园林的"花街铺地"，古人通过不同样式的图案来表达园主人的寄托和想法。现代景观中的铺装图案根据设计要求和特点，追求图形的抽象、简练和构图，铺装的图案样式一般通过点、线、形三个构形要素的组合得到表现。

点：可以吸引人的视线，成为视觉焦点，当它独立或少量出现时可以起到集中视线的作用；当它大量出现时，能给人韵律节奏的动感，丰富视觉效果，如图2-3-27所示。

线：更加具有方向指引性，与路面平行的线条具有强烈的方向延伸性，与路面轴线垂直的间隔出现的线条，能刻画出明快的节奏感。沿着道路轴线弯曲的曲线会产生缓慢的节奏变化感，折线的运用会带来动态的节奏变化感（图2-3-27）。

图2-3-27

形：指用不同的铺装拼出的图案（图2-3-28，图2-3-29），矩形等方正的形体，属静；三角形等不规则形体，属动。此外，铺装中还常常选择文字、符号、图案等完整的形体，与周围的环境氛围相协调，引发人们视觉和心理上的联想，使其产生认同感和亲切感。

● 图2-3-26 木材　　　　● 图2-3-27 大量序列出现的深色砌块

任务四

认识园林建筑

一 什么是园林建筑

（一）园林建筑与建筑的区别是什么

园林建筑不仅为游园中的人们提供休息、观赏的功能需求，同时也是园林四大要素之一，其形式风格组成园林景观风貌的一部分。

- 图2-3-28 道路平行的线条产生强烈的方向性
- 图2-3-29 时间树，主景树与时间年轮铺装，图案契合周围环境主题
- 图2-4-1 故宫太和殿，属于建筑类不属于园林建筑。

图2-4-2

　　要知道什么是园林建筑，首先应了解什么是建筑。

　　建筑物通称建筑，属于固定资产范畴，一般指供人居住、工作、学习、生产、经营、娱乐、储藏物品以及进行其他社会活动的工程建筑，例如，工业建筑、民用建筑、农业建筑和园林建筑等。

　　园林建筑作为建筑功能分类体系的一个分支，附属于建筑，是在园林环境中供人们游憩或观赏用的建筑，体量往往小于其他功能建筑。

　　园林建筑是建造在园林和城市绿化地段内供人们游憩或观赏用的建筑物，常见的有亭、榭、廊、阁、轩、楼、台、舫、厅堂等建筑物。通过建造这些建筑主要起到园林里造景，和为游览者提供观景的视点和场所，还有提供休憩及活动的空间等作用。

（二）园林建筑的作用

1.点景（点缀风景）

　　点景要与自然风景融会结合，园林建筑常成为园林景观构图中心的主体，或易于近视的局部小景成为主景，控制全园布局，园林建筑在园林景观构图中常有画龙点睛的作用。例如，北海公园的白塔，颐和园中的佛香阁（图2-4-3）都是园林的构景中心。

2.观景（观赏风景）

　　观景作为观赏园内外景物的场所，一栋建筑常成为画面的重点，而一组建筑与游廊相

● 图2-4-2　亭，典型的园林建筑园林建筑

连成动观全景的观赏线，建筑的朝向、门窗的位置大小要考虑赏景的要求。例如，框景就是取决于建筑的观景设计。

图2-4-3

3.围合园林空间

以建筑围合成园林的一个空间或多个空间，或者建筑和山石、植物等其他园林要素围合，将园林划分为若干个空间层次。如北京颐和园的谐趣园（图2-4-4），就是用园林建筑将中间水面围合起来，形成一个内向观赏景观的空间，并且通过视线开合、曲廊与岸线的弯折来进行空间变化，丰富景观空间层次。

4.组织游览路线

以道路结合建筑的穿插，达到移步换景，具有导向性的游动观赏效果（图2-4-5）。

图2-4-4

图2-4-5

● 图2-4-3 北京颐和园中轴线上体量较大的佛香阁成为整个颐和园的点景建筑，成为中心视线焦点

● 图2-4-4 北京颐和园的谐趣园围合空间

● 图2-4-5 杭州三潭映月将建筑和道路作为主要的线形游览路线和景观，在水面的基底上引导游览，形成不同于地面基底的特色景观感受

5.提供一定的使用功能

诸如售票、摄影、餐饮、小卖部等服务。

（三）园林建筑的特点

1.因地制宜，巧于利用自然又融于自然。建筑融于自然中，如山水建筑画（图2-4-6）。

2.整体布局重视主次分明，即轴线明确，又高低错落，自由穿插。主建筑后的园林建筑轴线明确，高低错落，主体建筑和游览建筑有主次区分（图2-4-7）。

3.小型园林建筑小巧灵活，不受布局制约，在形式上和布局上都可以有更多的变化与创新，如古亭结构的玻璃现代亭（图2-4-8）。

● 图2-4-6 溶于自然　　　　　● 图2-4-7 主次分明　　　　　● 图2-4-8 形式创新

（四）园林建筑的分类

按照使用功能不同分类，一个综合性的园林空间中常常不仅仅只有园林建筑，还有管理性建筑、服务性建筑组合而成。例如：

1. 游憩性建筑

此类建筑供游人休息、游赏用，是园林建筑中最重要的一类型建筑。要求既有简单的使用功能，又要有优美的建筑造型。如厅堂、楼、台、阁——有墙面；亭、廊架轩榭——无墙面。

2. 标志性建筑

园林大门、交通出入口、牌坊、牌楼等，或在重要交通节点或者有特殊性的建筑。如特别高的瞭望塔，特别具有意义的方尖碑等。

3. 服务性建筑

此类建筑主要为游人在游览途中提供一定的服务。如游客接待中心、卫生间、售卖部、茶室。

4. 管理性建筑

园林管理房、员工宿舍、仓库、食堂、栽培温室。

二 如何进行园林建筑的整体规划设计

（一）立意——不同思想领导下的园林建筑规划差异

中国历史上第一部全面系统地总结和阐述造园法则与技艺的《园冶》中，就有"相地"者主张对于园林建筑的位置、园林建筑布局要根据环境地势选择。"高方欲就亭台，底凹可开池沼"，这是中国"天人合一"思想的影响。体现在建筑布局中便是人工建造与自然之间达到和谐统一，将人工对自然的改变做得如同自然本身，体现的是一种对自然的尊重与谦让。例如，宋画《江山秋色图》（南宋赵伯驹作）之中描绘了许多当时自然环境中的建筑形象（如图2-4-9）。这些建筑包括了不同的类型，但是它们有一个共同点就是建筑在自然环境当中，采取谦虚避让姿态，或位于山脚下，或藏于山坳之中，体现了对自然的尊重与依赖关系。

宋画《江山秋色图》（南宋赵伯驹作）与建于山间的建筑尊重自然。

然而，西方的设计理念更多地体现人的创造力量和以这种创造力量与自然相抗衡的精髓，更加注重人在改造自然、创造环境中的主导地位。他们认为，纯自然的美是不完整的，有缺陷的，而以几何结构和数学关系作为美的根源，对自然进行理性的调整和安排。例如新天鹅堡（Schloss Neuschwanstein）（图2-4-10）新天鹅堡（Schloss Neuschwastein）建于山顶，凌驾于自然之上。建于1869—1886年的路德维希二世时期，美国迪斯尼城堡的原型之一建筑物占据山顶，充分强调和展现了建筑自身的崇高和地位，而山体仅仅是一个基座，表达人工超越自然的豪情。

图2-4-9

图2-4-10

（二）相地——对自然环境认识不同导致的园林建筑规划差异

同样对比中西方差异，这也是在园林建筑规划时的主要两种方式。

中国传统建筑历来重视与环境的关系，善于结合利用基地的现有条件，如"因地制宜""依山就势"等，这在中国特有的风水理论中有直接体现。如图2-4-11所示的"风水宝地"环境模式中，"背山面水""负阴抱阳"的"风水宝地"，如果剥去迷信内容，可以看出这里具有的是优良的生态、小气候、景观、空间等方面的基地条件。

与此相对应的，西方园林建筑规划在对待环境上，更加强调对基地的改造，在整体布局上有明显的抽象性效果和几何结构关系，这在古典主义的宫殿、庭院中体现最充分。例如，

● 图2-4-9 《江山秋色图》与山间建筑　　　● 图2-4-10　新天鹅堡

图2-4-12所为凡尔赛宫。凡尔赛宫建于17世纪，其基地原来是一片草木不生的荒地，通过人工建造的水站将水从集市里外送过来，才使这块土地有了新的生机。这一世界级宫殿建筑占据整个环境的主导地位，整个建筑群落呈对称布局，一条从宫殿放射出的长达一公里的壮丽轴线成为布局的基础，笔直的大道、小径纵横交错，组织成各种几何图案，整个结构布局完全是几何形的，基本看不出环境条件的影响，体现了人工次序对周边环境的绝对控制力。

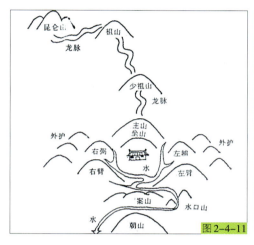

（三）布局的主要方式

受两大传统思想的影响，园林建筑在场地中主要有规则布局、不规则布局和混合式布局。

1. 不规则布局——自然式布局

不规则的自然式布局所重视的是建筑物与环境中地形、水景、植物各要素的平衡与协调关系，而不是单独强调建筑物。环境中的建筑物多以分散式布局到其中，讲究的是建筑群体之间的整体效果，这使建筑物之间的院落往往成为场地中更重要的部分。

我们把建筑物作为"实"体，建筑物以外的部分作为"虚"，其虚实的对比关系是

不规则布局的主要内容，同时这一特征作为评价中国建筑布局的一个基本特点。如图2-4-13所示的苏州沧浪亭，始建于宋代，在庭院中，建筑物位于外围，留出了中央的大块用

地来布置庭院，并把庭院场地作为核心要素。四周的建筑中又围合有几个小的庭院，体现"虚""实"交融的状态，形成边界错落而变化的丰富空间，达到不规则的动态平和与统一。

2. 规则式布局

规则式园林又称几何式园林，或者整形式、建筑式、图案式园林。在中西方园林史上有很多规则式园林，例如，南京中山陵园林（图2-4-14），具有明显的规则式园林特征。在这类园林设计中，建筑将呈主体设计要素来把控整个布局，一般采用中轴对称的布局方式，所有的建筑均位于中轴线上或者对称分布于中轴线的两侧。

3. 混合式布局

混合式园林，显而易见，是指规则式与自然式占据相当比例的园林。此类布局的园林建筑，其个体是对称或者不对称的形式布局，而其建筑组群多采用不对称的均衡布置，全园以弯曲自然的导游线的连续构成控制全园。

如广州烈士陵园（图2-4-15），在原有地形平坦处则根据规则的地形进行设计，园林建筑作为轴线主体进行布局，而原有地形起伏不平的，可设计为自然式，园林建筑根据游览线路沿线布局，将两者巧妙结合后运用到同一园林设计中。

图2-4-14

图2-4-15

（四）确定园林建筑项目

园林建筑分类全面，在不同的城市绿地类型中有不同的建筑功能要求，园林面积越大的建筑功能要求越是全面，例如，广场、小区、公园、风景区等大面积的绿地包含的园林建筑类型就越多。以下是园林绿地规范中公园级别绿地应含有的园林建筑项目。

● 图2-4-14　南京中山陵园林　　　　● 图2-4-15　广州烈士陵园

设施项目	陆地规模（公顷）					
	<2	2~<5	5~<10	10~<20	20~<50	≥50
管理性建筑 管理办公室	○	●	●	●	●	●
仓库	—	○	●	●	●	●
治安机构	—	—	○	●	●	●
垃圾站	—	—	○	●	●	●
广播室	—	—	○	●	●	●
管理班	—	○	○	●	●	●
变电室和泵房	—	—	○	●	●	●
生产温室阴棚	—	—	○	○	●	●
修理车间	—	—	—	○	●	●
电话交换站	—	—	—	○	○	●
员工食堂	—	—	○	○	○	●
淋浴室	—	—	—	—	○	●
车库	—	—	—	○	○	●
公共建筑 售票房	○	○	○	○	●	●
厕所	○	●	●	●	●	●
茶室、咖啡厅	—	○	○	○	●	●
餐厅	—	—	—	○	●	●
摄影部	—	—	●	●	●	●
游憩建筑 亭、廊	○	○	●	●	●	●
棚、架	○	○	○	○	○	○
榭、舫、码头	—	○	○	○	○	○

注："●"表示应设，"○"表示可设置。

三 园林建筑的类型与特色有哪些

（一）游憩性建筑

什么是游憩性建筑？游憩含一有"休闲"和"娱乐"两层意思，游憩建筑在园林中具有可休息、可观赏的作用，类似亭、廊架、水榭、舫等有休息功能又可以作为景点观赏的都是游憩建筑。

1.亭子

亭（凉亭）是一种汉族传统建筑，源于周代，多建于路旁，供行人休息、乘凉或观景用。亭一般为开敞性结构，没有围墙，顶部可分为六角、八角、圆形等多种形状。因为造型轻巧，选材不拘，布设灵活而被广泛应用在园林建筑之中。通常亭是古典园林设计中的"重点"与"亮点"，起到画龙点睛的作用。

亭按其功能可分为路亭、桥亭、井亭、钟鼓亭、祭祀亭、乐亭、纪念亭、流杯亭、半亭等，园林中的桥亭，既可以歇憩，又能游赏。

（1）不同风格材料的亭子

一方面，不同材料的亭子在不同文化下体现出风格各异的园林建筑风格，对整个园林风格的体现有辅助作用；另一方面，亭想要表现的特色也受到材料的限制。

通过以下材料的使用，并且搭配园林风格，体现的几个主要的建筑风格：

①中国传统建筑结构——木，如图（图2-4-16）。

②欧式风格亭——石材，如图（图2-4-17）。

③东南亚风格——草，如图（图2-4-18）。

● 图2-4-16　北京陶然亭　　　● 图2-4-17　现代欧式亭，更加轻盈　　　● 图2-4-18　马尔代夫草亭

④现代风格——金属、玻璃，如图（图2-4-19、图2-4-20）。

图2-4-19

图2-4-20

（2）亭的屋顶特征是什么

亭的屋顶形式是中国古典建筑屋顶形式的荟萃，为数最多的是各种攒尖顶。除了攒尖顶以外，中国传统建筑的屋顶主要还有以下几个样式，庑殿顶、歇山顶、悬山顶、硬山顶、攒尖顶，如图2-4-21。这些屋顶样式分别代表着一定的等级，等级最高的是庑殿顶，特点是前后左右共四个坡面，交出五个脊，又称五脊殿或吴殿，如图2-4-22，这种屋顶只有帝王宫殿或敕建寺庙等方能使用；等级次于庑殿顶的是歇山顶，系前后左右四个坡面，在左右坡面上各有一个垂直面，故而交出九个脊，又称九脊殿或汉殿、曹殿，这种屋顶多用在建筑性质较为重要，体量较大的建筑上；等级再次的屋顶主要有悬山顶（只有前后两个坡面且左右两端挑出山墙之外），硬山顶（亦是前后两个坡面但左右两端并不挑出山墙之外），还有攒尖顶（所有坡面交出的脊均攒于一点）等，如图2-4-23。

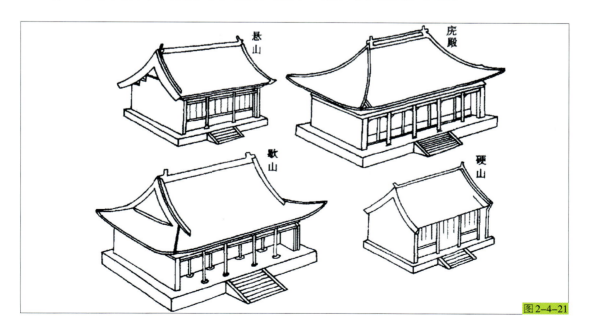
图2-4-21

- 图2-4-19 苏州博物馆玻璃亭　　● 图2-4-20 现代仿生亭　　● 图2-4-21 古典建筑屋顶形式

图2-4-22

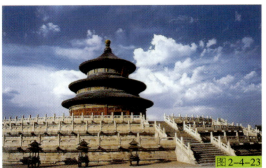

图2-4-23

亭，以攒尖顶作为屋顶样式，中外不同建筑风格的亭大多采用这一样式。不同类型的亭可以按照平面形状，以及层数来区分。亭子类型主要有以下几类：

①单檐亭：指只有一层屋檐的亭子，它按平面形状分为多角亭、圆形亭和异形亭等（如图2-4-24、图2-4-25、图2-4-26）。

北海见春亭   拙政园笠亭

图2-4-24

苏州拙政园与谁同坐轩扇面亭

图2-4-25

三角亭（西湖小瀛洲开网亭）   四角亭（故宫乾隆花园碧秀亭）   五角亭（上海古猗园白鹤亭）

六角亭（北京中山公园）   八角亭（北海公园昆邱亭）   九角亭（太原纯阳宫）

图2-4-26

● 图2-4-22 庑殿顶——北京故宫太和殿   ● 图2-4-23 攒尖顶——北京天坛   ● 图2-4-24 圆形亭

● 图2-4-25 异形亭   ● 图2-4-26 多角亭：有三角、四角、五角、六角、八角等

②重檐亭:由两层或两层以上屋檐所组成的亭子称为重檐亭。上下可以是同一种平面形式,也可是组合的形式,如上圆下方,或者上圆下八角等灵活组合形式,如图2-4-27。

上下圆形重檐　　　　　　上下多边形重檐　　　　　　上圆下方形重檐

③组合亭:组合亭是由两个形状的亭子拼接组合而成,以相同形状联排组合为主,通常为平面为镜像图案,并且共用中间的承重柱,如图2-4-28。

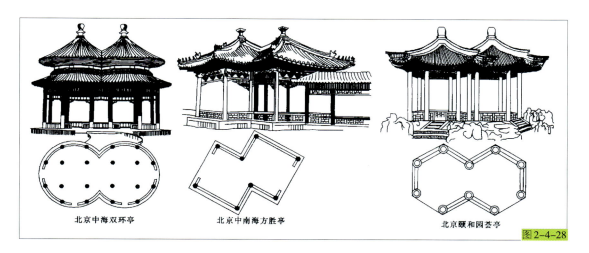

北京中海双环亭　　　　　　北京中南海方胜亭　　　　　　北京颐和园荟亭

2.廊

在园林建设中,廊与亭建筑相互紧密联系,是建筑、亭的延伸,是自然风景人文建筑的纽带,也是园林中组织游览路线的重要通道。因此,廊既有遮荫蔽雨、休息、交通联系的功能,又起组织景观、分隔空间、增加风景层次的作用。

(1)廊有哪些种类

廊以多种方法进行分类,其中按廊的组成结构可分为单面空廊、双面空廊、复廊、双层廊、单排柱廊、暖廊;按照屋顶可分为坡顶、平顶和拱顶等;按廊的总体造型及其与地形、环境的关系可分为直廊、曲廊、回廊、抄手廊、爬山廊、叠落廊、水廊、桥廊等;按照结

● 图2-4-27　重檐亭　　　　　● 图2-4-28　组合亭

构可分为木结构、砖石结构、钢及混凝土结构、竹结构等。下面主要介绍几种按组成结构划分的廊的形式。

①双面空廊：屋顶用两排柱支撑，四面无墙无窗，通透；在廊的柱间常设坐凳栏杆供游人休息，在廊中可以观赏两面景色，是中国园林中最常使用的一种形式（图2-4-29）。北京颐和园内的长廊，就是双面空廊，全长728米，是世界吉尼斯记录中最长的双面空廊。

②单面空廊：一边用柱支撑，另一边沿墙或附属于其他建筑物，或者双面空廊一边砌墙，形成半封闭的效果。单面空廊的廊顶有时做成单坡形，以利排水（图2-4-30）。

③复廊：在双面空廊的中间隔一道墙，形成两侧单面空廊的形式，又称里外廊（图2-4-31）。这种廊主要用在院内和院外的划分，中间墙上开有各种式样的漏窗，从廊的一边透过漏窗可以看到廊的另一边景色，一般设置两边景物各不相同的园林空间，把园内的山和园外的水通过复廊互相引借，使山、水、建筑构成整体。例如下图拙政园的复廊。

④双层廊。又称楼廊，是上下两层的廊，它解决了不同高度的连接问题，也为园林景观和赏景路线增加了层次感。

（2）廊在园林中的哪些位置更佳

廊作为连接各类园林建筑的主要通道，各种类型的廊在满足需求的同时，可以完美地实现平面上的曲曲折折、竖向上随地形的起伏而高低错落，丰富园林层次。因此，无论直

● 图2-4-29 双面空廊　　● 图2-4-30 单面空廊　　● 图2-4-31 拙政园复廊

廊、曲廊、回廊、爬山廊还是其他形式的廊都应该做到"依山就势""因地制宜"。北方园林与南方园林中的廊相比较，江南私家园林中"廊"的曲折程度要比北方皇家园林强得多，表现出更大的灵活性，以达到"随形而弯，依势而曲"的效果。

①山地建廊（爬山游廊）：连接不同高程的建筑物或者上山山下建筑物之间的连接，也可单纯为了游山观赏景观沿坡建廊。爬山廊有的顺山势而上，有的依山势蜿蜒转折而上，屋顶和基座有斜坡式和层层跌落的阶梯式两种（图2-4-32）。

②水边或水上建廊（廊桥）：一般此类廊多用于欣赏水景或者联系水上的建筑，它建于水面上一定高度的位置，形成以水景为主的空间。水边廊的形式很重要地突出和点化水景。位于岸边的水廊，廊基一般紧挨着水面，廊的平面也贴近岸边（图2-4-33）。

3. 榭与舫

（1）什么是榭

建在高土台或水面（或临水）上的，四面开放的木亭子叫做榭。"榭"原意是凭借的意思，园林中的榭也就是凭借景境而设置的园林建筑，通常临水而建，平面形式比较自由，常于

● 图2-4-32　爬山游廊　　● 图2-4-33　廊桥

廊、台组合在一起，也可设于花境之中，满足休憩、观景和点缀风景之用。

　　水榭的基本形式分为一面临水、两面临水、三面临水和四面临水。按照水榭下平台的挑空程度可以分为实心和空心平台水榭。实心平台水榭，水流仅在四周环绕；空心平台水榭下部以梁柱结构支撑，水流可部分或全部进入建筑底部，使建筑更为轻巧体现浮于水面的效果，如图2-4-34至图2-4-37。

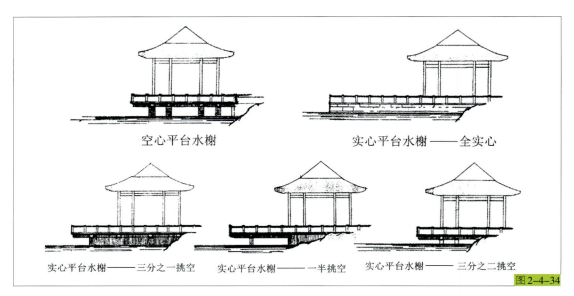

空心平台水榭　　　　　　　　　　实心平台水榭——全实心

实心平台水榭——三分之一挑空　　实心平台水榭——一半挑空　　实心平台水榭——三分之二挑空

图2-4-34

图2-4-35

图2-4-36

图2-4-37

● 图2-4-34　各类水榭示意图　　● 图2-4-35　全实心平台水榭　　● 图2-4-36　部分挑空平台水榭
● 图2-4-37　全挑空平台水榭

从图2-4-38和图2-4-39中可以看出，随着平台的挑空程度，水榭在水面上越是轻盈、空灵，越是实心平台显得稳重敦厚，这也是北方与南方水榭的景观效果区别。

（2）什么是舫

舫，原意是指小船，指园林中建在水边、形似船的建筑物，俗称旱船或不系船。舫是仿照船的造型，在园林的水面上建造起来的一种船型建筑物，其立意是"湖中画舫"，使人产生虽在建筑中，却犹如置身于游船之感。舫供人们游玩设宴、观赏水景，如苏州拙政园的"香洲"、北京颐和园的"清晏舫"等（如图2-4-40、图2-4-41、图2-4-42）。

● 图2-4-38　北方水榭　　● 图2-4-39　江南水榭　　● 图2-4-40　颐和园清晏舫
● 图2-4-41　拙政园香洲舫　　● 图2-4-42　狮子林船舫

项目二　园林设计要素

舫的基本形式与船相似，分为三段：前舱（船头或头舱）、中舱、后舱（船尾或尾舱）。一般船舱下部用石砌做船体，上部用木构建筑仿船形。

①前舱：前舱较高，常做敞棚，供游人赏景谈话。前端有平硚与岸相连，模仿登船之跳板。

②中舱：中舱较低，是整个建筑的主要空间，两侧开窗户拓宽视野，其作用是供游人休息、饮宴、赏景。中舱的室内地坪一般比外部地面略低 1 ～ 2 个台阶，有入船舱之感。

③后舱：后舱做两层，类似阁楼的形象，可登高眺望。上下两层构成下实上虚的对比，屋顶样式轻盈舒展，造型丰富生动。

（二）标志性建筑

1. 标志性建筑有哪些

在《城市印象》中，标志性建筑是形成城市印象的主要要素之一，就像书中所说的"标志是观察者的外部参考点，是变化无穷的简单的形体要素。城市居民依靠标志系统作导向的趋势日益增加。"如颐和园的最高建筑佛香阁、西湖的雷峰塔等。因此，在园林环境中，突出于整体的出入口，单独高耸的瞭望塔，具有历史意义的牌坊等都是属于标志性建筑，对使用者形成对整个园林环境印象有着重要的意义。

2. 牌坊和牌楼

牌楼与牌坊在古代门和图腾柱两个基本建筑功能的演变融合下，形成了现在的含义相近的牌坊和牌楼，都是具有标志性的具有道德教化功能的含义，如图2-4-43、图2-4-44。

图2-4-43　　　　　　　　图2-4-44

（1）牌坊

牌坊简称坊，是中国特有的一种门洞式的纪念性建筑物，一般用木、砖、石等材料建成，上刻题字。牌坊是以宣扬、标榜功德为目的的纪念性建筑物，主要功能是道德教化、纪念追思。旧时多建于庙宇、陵墓、祠堂、衙署和园林前或街道、路口，用以宣扬标榜功德。牌坊被当作中华文化的象征之一，在西方很多城市的唐人街都有牌坊作为标志。

● 图2-4-43　牌坊　　　　　● 图2-4-44　牌楼

（2）牌楼

牌楼更倾向于城楼的概念，为我国古代建筑中极为重要的一种类型，其建筑布局细腻，结构紧凑，形式多样。牌楼是以强化突出其标志性的建筑物，主要功能是标志引导、装饰美化。

牌坊与牌楼有显著的区别：牌坊没有"楼"的构造，即没有斗拱和屋顶，而牌楼有屋顶，它有更大的烘托气氛。

雍正陵寝（图2-4-45）的石牌坊为五间六柱，中国古代的最高规格牌楼。

3. 牌坊、牌楼的演变与比较

牌坊、牌楼作为标志性的园林建筑，与古代门的概念分不开。中国古代开始的瞭望楼、塔，图腾标志柱子等演变为门阙、旗杆，再随着文化和经济的发展，不断地丰富复杂化，演变为牌坊、牌楼，以致发展为类似于北京午门的大体积建筑（如图2-4-46）。

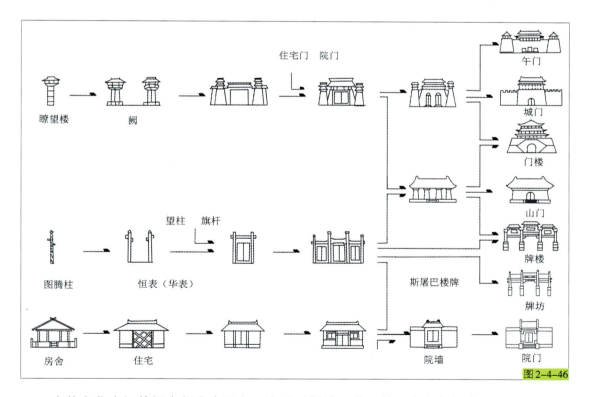

中外文化中门的概念都由来已久，这是对领域、范围的一个主权概念。图2-4-47至图2-4-50中可以看出中国、印度、日本古代对于牌坊标志概念的重视和不同文化不同形式的变化。

● 图2-4-45 雍正陵寝牌楼　　● 图2-4-46 中国古代门阙的演变

项目二 园林设计要素

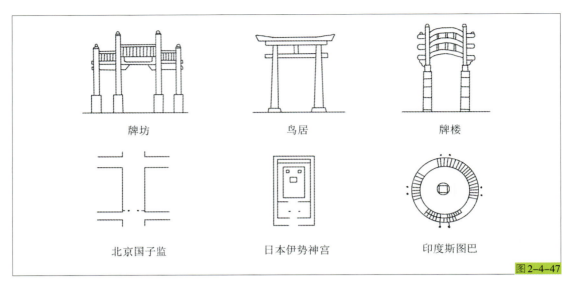

牌坊　　　　　　　　鸟居　　　　　　　　牌楼

北京国子监　　　　日本伊势神宫　　　　印度斯图巴

图2-4-47

图2-4-48

图2-4-49

图2-4-50

- 图2-4-47　中国、印度、日本古代牌坊的比较　　● 图2-4-48　四川隆昌牌坊街
- 图2-4-49　日本古代牌坊　　　　　　　　　　　● 图2-4-50　珠海梅溪牌坊

4.牌楼、牌坊的类型与特点

牌坊和牌楼的形式是多种多样的，可以从以下几方面对它们进行分类。

按照材料分类，可分为木构、石构、砖构、琉璃、水泥等多种形式；按照功能及适用地点分类，可分为街式类、纪念性类、寺庙类、陵墓类、苑囿类等；按照形式分类，可分为"冲天"式（图2-4-51）和"不出头"式（图2-4-52）。

（1）"冲天"式：也称"冲天"式"出头"式，这类牌楼的间柱高出明楼楼顶。

（2）"不出头"式：这类牌楼的最高峰是明楼的正脊。如果分得再详细些，可以每座牌楼的间楼和楼数牌坊多少为依据。无论柱出头或不出头，均有"一间二柱""三间四柱""五间六柱"等形式。

（三）管理性建筑

管理性建筑主要为人流出入管理，园区管理人员住宿、管理服务建筑等，包括大门、园林管理房、员工宿舍、仓库、食堂、栽培温室等。

1.大门的概念

大门作为地域标志性建筑，是位于园区入口处、提供穿行功能的建筑与小品。景区大门是联系园内园外的交通枢纽和关节，是由一个区域空间过渡到园林空间的转折和强调，是园内景观和空间序列的起始，是园林中地域性质最为突出的建筑之一。它体

现了园区的性质、特点，并具有一定的文化色彩（图2-4-53、图2-4-54）。

园林大门的功能：第一，标志园林的出入口与等级；第二，控制、引导游人和车辆的出入与集散；第三，成为景区环境的代表和象征。

● 图2-4-51 颐和园 "冲天式"牌楼

● 图2-4-52 颐和园 "不出头"式牌楼

● 图2-4-53 桂林靖江王府大门

2. 园林大门的分类

大门的类型，按照材料来分，可以分成砖石、竹木、钢筋混凝土或者钢结构等。不同的材质，表现出不同的景观特质。大门按照立面形式分，有山门式、牌坊式、石阙式、自然式以及复合式等形式。按照建筑风格来划分，分为民族风格式（图2-4-55）、现代风格式、自然风格式、地域风格式（图2-4-56）等类型。大门按照功能分类，有功能主导型、景观主导型两种。功能主导型是指以集散、交通、引导功能为主的大门；景观主导型是指以象征装饰灯景观功能为主的大门，重点在于园林造景的作用。

3. 园林大门的设计

（1）合适的选址

建筑的选址决定了周边的空间秩序、景观布局。科学的大门选址可以避免整个景区规划过程中的很多问题。我们必须根据基地的地形地貌、地质景观特点来因地制宜地选择位置。

● 图2-4-54 欧式风格大门　　　　● 图2-4-55 民族风格式　　　　● 图2-4-56 地域风格式

（2）园林大门包含的空间设计

园林大门主要由大门、售票检查房、围墙、前场或内院等部分组成，并包含大门外的广场空间和大门内的序幕空间两部分。

①门外广场空间。门外广场空间是接纳游客的第一个空间部分，由大门、售票检查房、围墙、值班管理室及游人等候空间组成。入口广场主要在游园开放，或者接纳大量游客时一个缓冲作用，因此，门外广场通常设置一些服务设施，如出售纪念品、旅游资料、照相、小卖部、卫生设施等。

②大门内序幕空间。大门内主要有两种序幕空间，一种是欲扬先抑，入口由照壁、山丘等阻碍视线的空间进行空间划分，以达到烘托氛围的效果；一种是开门见山，鸟瞰整个园区的广视角，达到震撼的效果。

（3）合适的尺度

大门周围的环境比较空旷，入口的尺度就应放大。反之，则应适当减小尺寸。同时，大门的开口尺寸要考虑人流、车流的组织。

（4）大门风格选择

须考虑不同的园林特点对大门风格的限定。园林的背景环境是相互统一的，大门风格从属于园林的主体建筑风格。

（5）大门的材质

因地制宜地选材，充分运用周边的现有资源条件，如竹、木、石材等。同时结合气候条件，考虑遮风挡雨和材料耐久性的影响。

（6）大门周边植物设计

适地适树，同时利用植物烘托大门效果，增加园林大门的表现力，并且能够表达自然特色。

任务五

认识园林小品设施

一 什么是园林小品设施

（一）园林小品设施的基本概念

园林小品是指在园林中供人休息、观赏，方便游览活动，供游人使用，或为了园林管理而设置的小型园林设施。园林小品以其丰富多彩的内容、轻巧美观的造型，在园林中起着点缀环境、美化景色、烘托气氛、加深意境的作用。同时，很多园林小品本身又具有一定的使用功能，可满足各种游览活动的需要，因而成为园林中不可缺少的一个组成部分，如图2-5-1、图2-5-2、图2-5-3。

园林小品多为园林中的基础设施，体形小且数量较多，仅供游客观赏或使用，游客不进入其内部活动，在建筑类别的划分中属于构筑物；园林建筑多为园林中的小型公共建筑，体形大但数量少，除了供游人观赏以外，还可以提供其内部空间用作食宿、休闲、展览等用途，在建筑类别中属于建筑物。在园林中除非有特殊的说明，园林建筑指的是与园林小品所对应的有顶的构筑物。

● 图2-5-1 现代抽象——芝加哥，尼施·卡普尔的云门（Cloud Gate）　● 图2-5-2 园林小品设施：仿生自然形式——座椅　● 图2-5-3 园林小品设施：照壁

（二）园林小品设施的特点

园林小品与园林建筑相比较，主要特点表现为：

1.园林小品属于构筑物，多由简单的工程材料组成，内部空间较小，不能形成供人活动的内部空间，不利于游人使用。如栏杆是为了维护安全可以依靠，坐凳是为了休闲可以坐下等。

2.园林小品十分重视与周围环境的协调和呼应，可以作为主题要素出现，也可以作为次要要素出现，但必须满足区域内造景的需求，主要起着点明主题和烘托气氛的作用。

3.园林小品与园林建筑相比较，造型及设计形式更灵活，常常不拘泥于模式的制约，也可以不受建筑材料及力学性能的约束，可以得到更大程度的发挥，是园林里面最活跃的因素。

4.园林小品色彩丰富，但造型一般比较简洁明快，是现代园林中不可缺少的造园要素。

（三）园林小品设施分类

在我国，较早、全面地对园林建筑与小品进行评估与分类的学者当属梁思成先生，他在1953年的第一次考古工作人员训练班演讲中，就曾对部分环境设施的分类勾画出较为客观和清晰的轮廓，其列举如下：园林及其中附属建筑、桥梁及水利工程、陵墓、防御工程、市街点缀、建筑的附属艺术。在《城市硬质景观设计》一书中，就步行环境、车辆环境设施、游戏区设施、街道小品进行了具体的探讨。

依照小品设施的功能、空间特性和环境特点，分类的时候要考虑其集中和互换的可能性。如图2-5-4将座椅和花池的功能整合到一起。如图2-5-5将座椅和自行车车架的功能整合到一起。

	步车分离设施		车行交通设施		照明	步行道设施				管理设施
	隔离栏	护柱	标示	信号灯	街灯	候车廊	电话亭	休息椅子	邮筒	电柱
隔离栏					○					
护柱					○			○		
标示				○	○					○
信号灯			○							○
街灯	○	○	○					○		
候车牌								○		
休息椅		○			○	○				
邮筒										
电柱			○	○	○					
垃圾箱						○	○	○		

续表

	步车分离设施		车行交通设施		照明	步行道设施				管理设施
	隔离栏	护柱	标示	信号灯	街灯	候车廊	电话亭	休息椅子	邮筒	电柱
树木、花池	○	○					○	○		
广告牌、广告塔					○	○	○			
街道计时		○			○	○				
公共标识					○					
围墙、院门					○				○	
雕　塑		○			○					
水池喷泉					○					

注："○"表示可以整合的共同项目。

图2-5-4

图2-5-5

　　我国目前较为通用的园林建筑与小品分类是在以上基础上发展建立起来的，根据主要功能和设置地点进行分类。景观设施设计大致分为以下各个类别，它们又含有各种的具体项目。

　　1.信息类设施：道路标示、导游图、广告牌、招牌等设施；

　　2.服务类设施：座椅、垃圾箱、烟灰缸、饮水器、洗手器、卫生、游乐健身、售卖服务等设施；

　　3.道路交通设施：安全止路装置、防护栏、交通指示灯、自行车架、路面设施、台阶、坡道、扶手等设施；

　　4.拦阻设施：围栏、围墙、护栏、护柱、沟渠等设施；

　　5.照明设施：道路、广场、步行街等照明、装饰照明及灯具等设施；

　　6.无障碍设施：专用通道、盲文信息、专用电梯、残疾人坡道等设施。

● 图2-5-4　座椅与花池功能相互整合　　　　● 图2-5-5　座椅与自行车架功能相互整合

二 园林小品设施的类型与特色

（一）信息类园林小品设施

随着生活节奏加快，地球村的出现使世界距离越来越近，我们的生活中交织着各种各样的事物组成的暗示。信息类设施在城市环境中的街道、路口、广场、建筑和公共场所中，为人们提供准确详尽的情报，是城市生活中不可缺少的内容。在园林环境中，信息类设施主要以景点说明、道路导向为主要内容。

一套园林设施主要内容有哪些？

解说牌是园林中极为活跃、引人注目的文化宣教设施，类型包括展览栏、阅报栏、展示台、园林导游图、园林布局图、说明牌、布告板以及指路牌等各种形式（图2-5-6）。内容涉及国家基本法规的宣传教育、时事形势、科技普及、文艺体育、生活知识、娱乐活动等各个领域的知识性宣传，是园林中群众性的开放型宣传教育场地，其内容广泛、形式活泼，群众易于接受，因此受到广大群众的欢迎。

指示牌在园林绿地中具有指示方向、距离、提示警戒、告示等作用的解说牌。造型上力求轻巧、活泼，又要突出、醒目，易被游人观察到（图2-5-7）。

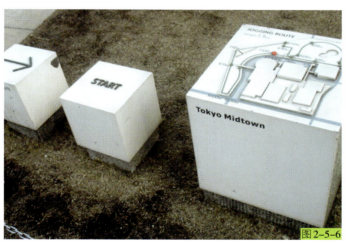
图2-5-6

图2-5-7

展览栏用于展示艺术作品、园林风景、先进人物事迹等（图2-5-8），设置时要考虑其排列方式，并选择适宜的朝向，以便于充分展示作品的艺术效果。展览栏应保持展面中心的高度与人的视平基本平行（展面中心离地面高度160厘米左右），为观赏者创造舒适、自如的观赏条件。

图2-5-8

- 图2-5-6 解说牌：园林导游图　　　● 图2-5-7 指示牌　　　● 图2-5-8 商业景观指示牌

阅报栏是时事新闻宣传的重要阵地，由于每天都要更换新的内容，需要便于开启、张贴，并选择一天中大部分时间的自然光照都有利于读者阅读的位置和朝向。

一套风格样式统一的园林信息小品设施如图2-5-9所示。

图中为经过设计的信息类设施，从颜色、材质、尺度上都按照规范进行设计，让经过中的设施有实际的辨别特征的同时具有良好的统一的、视觉感受。

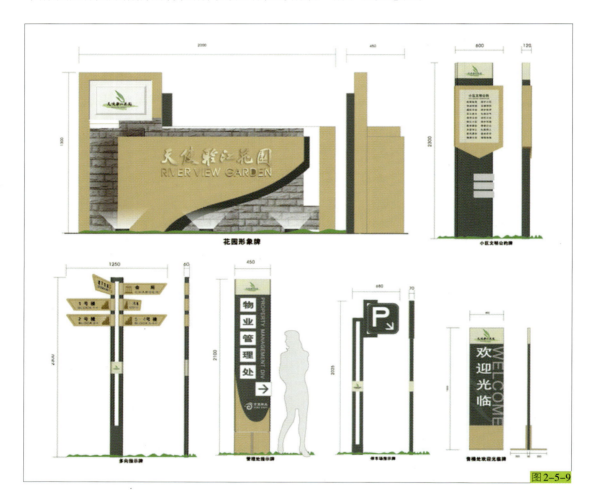

图2-5-9

（二）服务类园林小品设施

1.什么是服务类设施

在公共环境中服务设施的设计要本着以人为本的设计原则，在强调其功能特点的同时要表现出一定的亲和力，它们为城市市民提供很多便利和公益服务，如通讯联系、商业销售、福利供给、公共卫生、紧急救险等。服务设施的存在体现出社会文明的进步，给人们带来了便利性，应根据其使用目的和具体要求来确定它的体量大小和形体。

● 图2-5-9 信息类设施

2.服务类设施分类有哪些

服务类设施按照其功能性质分为以下几大类：

休憩类服务性设施、道路交通类园林小品设施、卫生类服务性设施、商业类服务性设施、游乐健身设施。本书选取在园林景观设计中最常应用的休憩类设施进行详细介绍。

（1）休憩类服务性设施

公共休息坐椅在室外环境中是最常见的公共"家具"，它具有向人们提供休息、思考、交流、观赏等多项功能，可以直接影响室外空间，给人的舒适和愉快感。设置座椅的地方很自然成为吸引人前往聚会的场所，而座位的数量越多，则场所的公共性越强。

休憩类设施最常见的是座椅，座椅在提供休憩的服务时还兼并其他一些功能，如方便使用者交流和观赏等不同功能，故而其布局方式有一定的技巧性。

①观赏与被观赏：座椅的观赏功能是仅次于休息的重要服务内容，无论是公共还是私密空间都要求为观赏提供条件，同时座椅本身还可作为被观赏景观进行设计（图2-5-10）。

②休息、等候：这类功能的座椅通常与人行道关系密切，应方便看到与道路接近并且形成相对安静的角落设置座椅供人们休息、停留（图2-5-11）。

图2-5-10

图2-5-11

③交流：需要设置在一定的私密环境，应与人行道和公共广场距离较远，座位以2人以上为宜，且独立分散布置，避免相互干扰（图2-5-12）

④思考：针对这一功能的座椅应该放置在更加安静、隐秘的环境中。座椅以1~2人为宜，造型应小型并简单（图2-5-13）。

图2-5-12

图2-5-13

● 图2-5-10　观赏与被观赏　　● 图2-5-11　休息等候　　● 图2-5-12　交流　　● 图2-5-13　思考

项目二　园林设计要素

根据不同的使用功能，座椅在布局摆设上也可以根据这些功能进行座椅不同形式的布局。

在布置座椅时，常常要考虑场景和使用者的心理。例如，在等车、广场等人这种需求时，座椅通常要面向公共区域且有足够的位置供人休息；而在满足共同聊天休息时，座椅通常形成围合或者半围合形式进行布局，并且应放置在较安静且不受打扰的场地区域。不同形式椅凳布局的特点一般可分为以下几种形式，如表格（2-5-14）

表2-5-14 座椅布局的心里影响

形式	椅凳图示	布局特点
单体型		以存在环境中的自然物与人工物，如路障、木墩等，转借成座椅形式。对于人流量大、不宜长时间逗留的地方，利用其特殊的造型，使人难以久坐。使用时相背而坐，不会互相干扰。
直线型		基本的长椅形式（2米或3米座）。当一字排开时，两端的人可以自由地转身面对面交流，但不适合一群人使用。使用者之间互动距离为1.2米左右较合适。
角落型		角度的变化适合双向面对面交流，而不至于双方距离过近造成肢体碰撞，适合多人间的互动关系，站着的人也不会影响临近的普通。
多角型		自由多变的形状适合多种不同的社交活动需求，既有利于人与人之间的沟通交流，又丰富了景观自身的形式感。
圆型		适合于单独使用者。当多人使用时，两边的人就需要倾斜身体，膝盖也会相互碰撞而造成不适感，不适用群体间的互动。
群组型		座椅与其他环境设施一起组合成复合的形式，灵活多变，适宜多种社交活动需求，既有利于与人之间的沟通交流，又丰富了景观的层次。

（三）道路交通类园林小品设施

道路是连接和划分各级领域空间的基本要点，也是景观表演的入口（图2-5-14、16），它的设置不仅使人得到足够的安全感，而且对整个城市的环境规划和街道布置等起到促进和完善的作用。决定道路交通设施的项目主要按照道路的自身结构设施和道路管理设施两项内容进行划分。

1.什么是道路交通类园林小品设施

（1）道路的基本结构设施

路面构成——道路路面、道牙、排水沟、雨水口、树篦子；

路面的高差处理——坡道、台阶、坡道与台阶的结合；

路面的铺装——高速路、普通车道、步行道、停车场、停车带、广场；

道路侧面处理——护土墙、护土坡、围墙等。

（2）道路的附属设施

交通管理设施——交通标记、路面标记、导向性绿化、道路分隔带、交通信号灯、紧急电话；

● 图2-5-15　美国富有现代感的梳篦子设计　　● 图2-5-16　日本富有本国特色图案的道路井盖设计

交通安全设施——防护栏、护柱、路墩、侧壁、遮挡炫光的绿化、反射镜、灭火设备、照明、信号机、地下通道等；

服务设施——汽车停车场、自行车停车、候车亭、加油站、标示、告示板、地面出入口、领域出入口、人行天桥（图2-5-17、图2-5-18、图2-5-19）；

防护设施——防止雪崩、山崩、落石、海浪等自然灾害的设施（防护网、防护栏等）；

环境保护设施——环境测定显示板（噪音和一氧化碳检查）、防音壁、道路绿化。

图2-5-17

图2-5-18

图2-5-19

（3）其他附属设施：配电箱、道路监测站、桥卡、除雪设备

本章节内容所谈的道路交通设施不包括道路专业性很强的某些设施，比如信号机、反射镜、交通专用标示、路面标记、噪音和一氧化碳检测装置等，主要以园林景观环境中常用的道路基础和附属设施为对象。但为了使大家对道路设施有全面的理解，所以仍有必要对道路设施的内容和分类进行综述。

2.道路基础结构设施的重要部分——台阶和坡道

在场地环境中，台阶和坡道是连接两个高度的地面转换部分，起着引导和划分空间的作用，常常通过艺术美化处理这两个基础设施来突出景观氛围。

● 图2-5-17　服务设施—活动式 　　　　● 图2-5-18　服务设施—固定式

● 图2-5-19　服务设施—依附于其他设施

台阶和坡道一般有两种类型。

就地式，指与凹地和台地自然结合（图2-5-20）；露空式，指借助单纯的踏板转移地平面高度（图2-5-21）。与建筑物结合的台阶和坡道属于建筑范畴。与露空式相比，就地式使用的规模、场合、造型有更大的自由度。在较大规模的开放空间中，台阶与坡道相互交错结合使用，有时可以创造活泼生动的景观。

图2-5-22、图2-5-23所示为了减轻人们攀登时的单调和吃力感，设计时常将瀑布、流水、花台、灯带等与道路和台阶相结合。

图2-5-20

图2-5-21

图2-5-22

图2-5-23

● 图2-5-20　就地式台阶
● 图2-5-22　台阶与花池结合

● 图2-5-21　露空式台阶
● 图2-5-23　台阶与流水和灯光结合

项目二　园林设计要素

3.台阶和坡道对空间的作用有哪些

台阶和坡道最基本的功能就是解决道路高差关系，并根据其体量、形式的变化，能提供空间、视线等其他功能作用。以下为在设计中常用的台阶附加功能设计。

（1）形成一个空间

台阶所构成的空间特点是有明显的向心性，台阶的数量越多，高度越高，其向心性就越强，围合感和空间感也越强，如图2-5-24。

（2）成为一个空间到另一个空间的过渡

在园林空间中，台阶是一种最简单、最常见的空间过渡形式。台阶可以在心理上给人以暗示和提醒，让人预感变化的到来，如图2-5-25。

（3）宽窄变化丰富空间层次

台阶因其竖向空间的延伸和收缩，给人一种向上的感觉，原本就吸引人的视线。当我们设计师对台阶的踏面进行艺术化设计和景观处理，更是可形成吸引人的线形图案。我们利用台阶的叠加和重复，并且通过不同的宽窄变化，能够形成丰富具有层次的不同使用空间。

如图2-5-26中，折线的重复叠加景观效果，吸引视线体现出现代的设计感。在同一个台阶中，体现了左边的狭长空间和右边的舒缓坡地空间感。图2-5-27所示黑白线代表着不同的台阶图案，自由折线图案比规则的90°图案更加有自由空间，更有律动性。

● 图2-5-24　台阶围合形成休憩空间　　　● 图2-5-25　台阶作为室内外的过渡空间

图 2-5-26

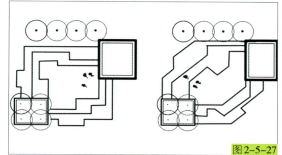

图 2-5-27

（4）成为人们休憩的空间

上下台阶，左右台阶之间，人们在台阶上选择休息的位置比正式的座椅要自由许多，与他人的距离可以由自己自由控制和调整，也更有利于三四个人以上的小群体使用，如图2-5-28。

（5）作为观演空间

台阶和中间的圆形广场形成一个户外的观赏表演空间，广场是一个展现的舞台，台阶上则聚集着休息和观看的人群，如图2-5-29。

（6）引导人的视线

台阶可以在道路的尽头充当焦点物，或醒目的物体。在台阶的尽头通常可以引导出一个重要的空间节点，并且比一般的空间更能突出台阶地平线上的物体，如图2-5-30。

图 2-5-28

图 2-5-29

图 2-5-30

● 图 2-5-28　休息功能台阶　　　● 图 2-5-29　观演空间台阶　　　● 图 2-5-30　引导视线台阶

4.拦阻设施类园林小品设施

（1）什么是拦阻设施类园林小品设施

拦阻设施包含两层内容，第一个是带有强制性的阻隔，另一个则是限制性的拦挡。根据环境的性质和被保护对象的不同，可以选择多样的拦阻手段。这些手段归结起来，主要是凸立的构件，如墙垣、栅栏、护柱、段墙、花坛等，还有凹陷构件，如沟渠等。地面划线、铺装材料的划分处理，路牙、标识等示意性阻拦方式属阻拦信号而不在此限。

（2）拦阻设施类园林小品设施主要有哪些

①围墙与围栏。它是强制性的阻拦设施，包括墙、篱、栅、栏等有形物，用以分隔内外领域，防止车辆、行人的侵入，保障内部安全。

a.围墙与围栏按照封闭性来区分类别

实墙：能有效地防止外人侵入和减少噪音、隔绝视线、私密性强。用于与外界隔绝，是私密性很强的空间（图2-5-31）。

漏墙：漏墙的造型设计是在实墙的基础上做局部镂空处理，镂空部分的造型要考虑与环境的协调。它也可以有效地防止他人干扰和减少噪音，遮挡视线的私密性强，用于比较封闭且与外界有一定联系的环境空间中（图2-5-32）。

栅栏：全镂空的围墙，不遮挡视线，但仍然具有较强的防护性功能，用于与外界有较多联系，但是需要一定私密性的环境（图2-5-33）。

栏杆：60厘米以下高度的栅栏，完全不影响视线，对行人只起到范围的警示，用于与外界彼此沟通，但不希望入侵的环境。

图2-5-31　　　　　　　　图2-5-32　　　　　　　　图2-5-33

b.常见的围栏与围墙的材料有哪些。常用材料有砖、混凝土、花格围墙、石墙、铁花格围墙等（图2-5-34、图2-5-35）。现今比较流行利用植物来布置生态景墙。

①生态景墙：将藤蔓植物进行合理种植，利用植物的抗污染、杀菌、降温、隔菌等功能，形成既有生态效益，又有景观效果的绿色景墙（图2-5-36）。

图2-5-34

图2-5-35

图2-5-36

段墙：墙可以理解为围墙的一段，是具有限制的半拦阻性设施，起到划分空间和引导方向的作用。它通常运用于庭院、园林、广场，与建筑关系比较密切，是场所环境的"照壁"，起着局部遮蔽和透景含蓄作用，又有明确的引导方向作用。

段墙在我国古代建筑环境中早有应用，比如，北京北海公园的九龙壁以及北方四合院中的照壁就是使用的佳例，如图2-5-37、图2-5-38。

● 图2-5-34　现代符号围墙　　● 图2-5-35　铁艺围墙　　● 图2-5-36　生态植物围墙

③沟渠、防音壁、护土墙。沟渠是一种凹槽式阻拦设施，它代替围墙设置于领域边缘处，起到强制性阻拦的作用。它的主要特点是不遮蔽视线，同时使内外景物彼此沟通。但为了防止行人跌入，在沟渠两侧还需要附加树篱、栏杆、护柱以及照明设施，如图2-5-39。防音壁是用来遮挡声音的墙壁状构筑物，常常设置于学校和居民楼临近的道路两侧。

在场地地坪高度发生变化时，挡土墙（以及斜坡和堤岸）是必要的人工调整手段，其结构处理、铺装材料、墙面斜度、高度、挡土墙之间的层次关系等不仅要满足安全和耐久的需要，还要考虑到与场所地形、地面的关系，使用的便捷以及视觉效果。在对较大型或者复杂的护土墙进行设计时，还应请结构工程师协助，如图2-5-40、图2-5-41

● 图2-5-37　传统段墙——照壁　　　　● 图2-5-38　新段墙用法——段墙组合成连续的景墙

● 图2-5-39　沟渠　　　● 图2-5-40　护土墙结合花池座椅　　　● 图2-5-41　护土墙结合地形

（四）无障碍设施：盲道、残坡

1.什么是无障碍设施

公共环境中加强对残疾人、弱势群体使用设施的关注，加强对无障碍设施的设计，这是社会文明程度体现的重要标志，也是为残疾人和能力丧失者提供和创造平等参与社会生活的条件，消除各方面行动不便的措施。其设计范围根据《城市道路和建筑物无障碍设计规范》（JGJ50—2001、J114—2001）第5条规定：办公、科研建筑物；商业、服务建筑；文化、纪念物建筑；观演、体育建筑；交通、医疗建筑；学校、园林建筑；高层、中高层住宅及公寓建筑等均需按规定设置。

对于园林景观设计中我们主要考虑的是室外无障碍设计，即主干道的无障碍设计。

主要的道路的无障碍设施如表所示。

道路设施类别		设计内容	基本要求
机动车车道		同行纵坡、宽度	满足手摇三轮车通行
人行道		同行纵坡、宽度、触感块材、限制悬挂的突出物	满足手摇三轮车通过，拄拐杖通行，方便视力残疾者通行
人行天桥和人行地道	坡道式 梯道式	扶手、地面防滑触感块材	方便拄拐杖、坐轮椅者、视力残疾者通行者
主要商业街及人流量极大的繁华道路交叉口		坡道、音响交通信号等装置	方便视力残疾者通行

2.主要设置无障碍设施的区域有哪些

（1）步行道

①轮椅的活动一般是在步行道上面进行的。手摇轮椅小型宽度为0.65米左右，为了便于轮椅的行走，并考虑到行人和轮椅的交叉，步行道最小宽度为2米；在行人较少的特殊场合，步行道净宽至少要1.5米。

②在人行道中部，设立以凸条形指示行进方向的导向块材和圆点形指示前方障碍的停步装置引导（0.3米×0.3米方形地砖），利用点块的微微凸起，刺激盲人的脚底感知，使盲人沿铺地步行（图2-5-42）。

图2-5-42

③在人行横道的坡边或红绿交通信号下设置盲人专用的按钮和音响指示设施。

④人行天桥和地下通道越来越多，但也给残疾人的通行带来越来越现实的困难，为了

便于他们的上下，现在国内逐步在台阶旁增加轮椅升降设施或者是修建独立电梯（图2-5-43）。

（2）坡道

在步行道出现高差，需设置多段阶梯的地方，为了便于轮椅行驶，也应设置坡道，最大坡度为6%，坡度超过此限需增加扶手（图2-5-44、图2-5-45）。

（3）休息场所

在步行道路区域，为了给残疾人、老人等行走困难者提供方便，应以适当的时间间隔设置休闲场所，一般在城市干道中间间隔为200~300米左右，休息场所也可以为其他人利用。

（4）公共厕所

为残疾人专设的厕所间，便器的位置应给轮椅专项并置留有充分空间，在另一侧墙壁上设有把手和吊环拉手，以便残疾人挪位时使用，厕所间的平面和开门位置都要满足动作的需要。

（5）公用电话亭、售货亭、问询服务台等服务设施

电话亭、售货亭、服务亭等服务类设施的开窗高度要在1.1米以下，亭前面地面与路面没有高差或者增加坡道，以便轮椅的接近和接受服务。座椅、饮水器的造型、位置、高度不仅为健全人适用，同时也要兼顾到坐轮椅的残疾人。

● 图2-5-43 辅助性轮椅架　　● 图2-5-44 残坡的设计　　● 图2-5-45 优秀无障碍景观设计案例——挪威chandorff quare

任务六

认识园林水体

水是人类心灵的向往，人类自古喜欢择水而居，不论在东方或是西方，利用水体造景的历史都源远流长。早在中国古典园林设计中就有"无水不成园"的说法，而最早形成"一池三山"造景的皇家园林模式也奠定了水在人们心目中的地位。与中国同脉的日本园林，更是结合自己的地域文化特色，利用假山假水创造出了枯山水来表现禅宗意境。同时在西方，从文艺复新时期开始，以喷泉为主的水景形式更是在西方园林中盛行。波斯的天堂园、法国的图案式园林、意大利的台地园无一不利用了水的特性来表达人们对水的造园利用。故而在园林规划设计中，水，常常是园林景观设计中的点睛之笔。所以，不管景观设计的风格如何多变，水文景观的营造几乎都是不可或缺的。

一 水体类型及造景特点

园林水体的造型类型多样，我们根据不同的外观形态把水体分为静态水体和动态水体两大类。

（一）静态水体

静态水体是指水面平静、无流动感或者运动变化比较平缓的水体。以自然式的湖泊、规则式的水池为主，给人以宁静、深远的氛围感，对于静态水体的设计要考虑与周围环境相结合，利用倒影形成完整的画面构图。同时，应注意对水质的维护，特别是人工水景，如果没有有效的水处理措施，水质会严重影响整个景观效果。

1. 湖泊

湖在园林绿地中往往面积较大，视野开阔，水体轮廓自由、随意，给人轻松、活泼的感觉。在设计中经常把湖泊作为整个场地的构图中心，故而应避免空洞无物，

过于平淡，应充分考虑并利用其他元素。静态湖面上多设置划分大面积水面空间的堤、岛、桥等，增加水面的层次感，同时增加如山石、植物、建筑等，结合布置，营造优美的亲水景观，增添园林的景致与活动空间（图2-6-1、图2-6-2）。

● 图2-6-1　湖中堤　　　　● 图2-6-2　湖中岛

项目二　园林设计要素

2.水池

水池一般是规则的人工池体，具有现代、简洁、大气的空间效果。这类水景通常面积不大，形式灵活，利于修建，常在商业区、居住区、公园的重要节点等地方出现，起到点缀空间、美化环境的作用。一般采用硬质池底，因而需要注意其防渗处理。园林水池周边的人流量一般较大，所以驳岸的设计形式，材料样式都比较多，它能将人工砌筑的力度美和水体的自然美很好地融合在一起（图2-6-3）。

在人工水池中有一比较特殊的水景——无边际水景，是现在设计中流行运用的设计手法，原意为无限空间的水池。简单来说，即通过对水池边缘的特殊设计，让水池看起来是没有边缘与池壁的，从而达到空间无限的视觉效果。当然无边界也仅仅是视觉上的景观效果，其四周都有溢水沟，流入集水池经过滤后重新输入泳池。

例如，芭提雅酒店屋顶花园，用曲线设计的无边际泳池，分为游泳池、戏水池、水力按摩池、儿童池。同时受到鱼群的启发，在池底做了丰富的灯光设计，在夜间，池底就像有丰富的鱼群和繁多的星星（图2-6-4）。

● 图2-6-3 观赏水池　　● 图2-6-4 芭提雅酒店无边际泳池

（二）动态水体

动态水体指具有运动特征的水体，水位较浅，有活泼、灵动之美，常作为景观中的点睛之笔。常见的动态水体包括溪流、瀑布、跌水、喷泉等形式，给人以活泼、明快的氛围感。在园林景观中，具有串联景观空间、引导视线、形成构图焦点等不同的功能作用。在设计中我们可能常用到或进行设计的主要是小体量的溪流、瀑布、喷泉等，故而本书主要讨论小景观水景的设计要点。

1. 溪流

溪流是自然山水的一种常见形式，在园林中溪流两岸奇石嶙峋，水体形式曲折狭长贯穿于整个环境中，河中水草交织，时隐时现，整个空间形态生动、活泼、自然。在园林景观用途上，可以起到穿针引线、引人入胜、串联起整体园林构图的作用（图2-6-5）。

2. 瀑布、跌水

水从高水面跌落到低水面形成的水景造景，地形高差以及跌落方式不同，使得水景造型变化多样，形成一种动态水文景观。跌落型水景常常作为节点和视觉焦点景观，具有独特的动态景观效果，是园林水体设计中经常采用的手法，它们或气势恢宏，或小巧玲珑，最常见的形式是瀑布和跌水。

瀑布是指水从悬崖或陡坡上倾泻下来而形成的水体景观，具有较大落差，因出水口的不同形式，形成不同的落水形态，如线状、点状、帘状和散落状。瀑布多与假山、溪流等结合，它更适合于自然山水园林和中国古典庭院景观里。中国古典小说诗词中的水帘洞等就是创造一种人和瀑布、山水紧密相联系的范例，让人产生"桃花尽日随流水，洞在清溪何处边"的疑问。引人探索，又有弦外之音（图2-6-6、图2-6-7）。

● 图2-6-5　溪流　　　　　　● 图2-6-6　日式庭院内瀑布景观　　　　　● 图2-6-7　自然瀑布景观

跌水是通过阶梯状的跌水构筑物所形成的规则形态的落水景观，多与建筑、景墙、挡土墙等结合。跌水由台阶高低、层级多少、跌落造型等使得跌水造型灵活多变。跌水具形式之美和工艺之美，其规则整齐的形态，比较适合于简洁明快的现代园林和城市环境。在这里要指出，在园林景观中还有一种和跌水容易混淆的园林水景——叠水。怎么区分它们呢？简单形象地说，叠水就是水顺着台阶一层层地向下流，它有一个横向铺展的过程，而跌水就是类似瀑布直上直下地流，它是一个纵向跌落的过程（图2-6-8、图2-6-9、图2-6-10）。

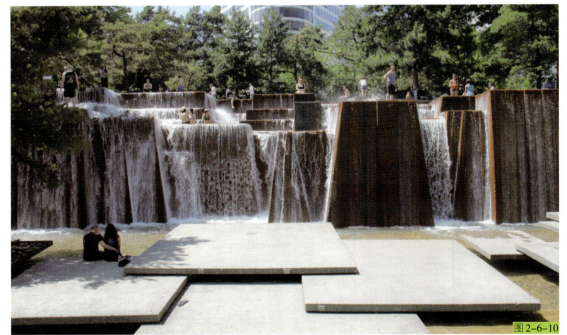

3. 喷泉

喷泉又称喷水，它是水在一定的外力作用下形成的涌动或喷射，具有特定形状的水体造型。常用于城市广场、公园、公共建筑或园林绿地的轴线焦点或端点处，与水池、雕塑等园林小品配合设计，点缀空间，形成视线焦点，丰富空间层次。

● 图2-6-8　台阶式叠水　　　　● 图2-6-9　台阶式叠水　　　　● 图2-6-10　跌落式瀑布

根据喷泉的景观效果，常使用的有水式喷泉、旱式喷泉和雾式喷泉。水式喷泉是使用最多，也最常见的喷泉形式，此类喷泉系统隐于水中，喷头露出水面，根据不同的喷头形式和组合形成丰富的喷泉景观；旱式喷泉的喷水系统一般藏于地下，与地面齐平设置喷头，喷泉喷水时，游人可进入其内，体验戏水乐趣，而不喷水时也不会影响交通，此类喷泉在现在设计中应用广泛；雾式喷泉是一种独特的喷泉形式，采用特殊的可喷出雾状微细水滴的喷头。在炎热的夏季或是特色环境，起到营造云烟弥漫的景观效果，同时增加环境湿度，并降低温度。

　　我们在喷泉的设计中，位置选择以及布置喷水池，周围的环境设计都很重要，要考虑喷泉的主题、形式与环境相协调，或借助喷泉的艺术设计，创造意境（图2-6-11至图2-6-13）。

● 图2-6-11　线式喷泉　　　　● 图2-6-12　入口设置　　　　● 图2-6-13　广场设置旱
涌式喷泉引起人注意　　　　喷给空间活力

二 水景在景观设计中的具体应用——罗斯福纪念公园水景

罗斯福纪念公园——用以纪念美国的第32任总统富兰克林·罗斯福及在他任期中的事件，包括他对结束二次大战所做的贡献，现已是华盛顿特区最富盛名的旅游景点之一。

整个公园设计采用的是一种叙事式的、基本记谱式的表达方式，纪念内容充分反映总统作为一个人的朴实性。设计师哈普林运用各种园林设计要素，特别是水体的不同表现形态来营造一种亲切的、平易近人的纪念空间。参观者不仅仅是通过眼睛的视觉观察，更可以通过身体的多种感官如亲水、触摸、游戏、冥想和探寻等来体验罗斯福总统的传奇一生，以及感受当时特殊的政治氛围和社会环境。

全园分为4个区域，分别表现了"就职""经济危机""战争""和平富足"这四个主题。在这个设计中，水景是其创作的主要手段，多次运用水来烘托气氛和营造主题（如图2-6-14）。

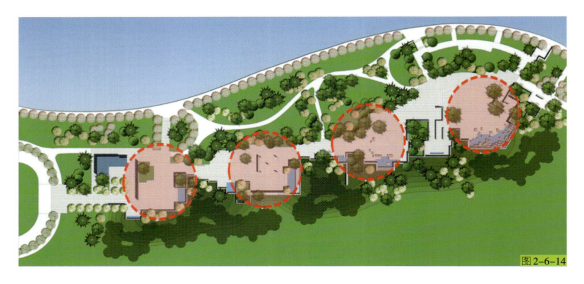

图2-6-14

整个纪念园采用了三种手段：倒影池、瀑布和跌水，它们成为各自空间的视觉和景观中心，把水当成情感的表达和象征的体现，通过水来与观者沟通。

图2-6-15

图2-6-16

● 图2-6-14　罗斯福公园平面图　　● 图2-6-15　分区———表现罗斯福就职的主题　　● 图2-6-16　分区二——表现经济危机的主题

分区一从岩石顶倾泻而下的水瀑，平顺有力，象征罗斯福就任时誓言所表露的那种乐观主义与一股振奋人心的惊人活力（图2-6-15）。

分区二主要体现人民生活在经济困苦之中，在水景设计上，用梯形跌落式的瀑布，层层下跌，表现人民生活状况的困难（图2-6-16）。

分区三主要体现罗斯福任期内，第二次世界大战的状况。哈普林在空间中运用乱石摆放，水从中无规律流下。看似随意布石，意在表现战争造成的破坏（图2-6-17）。

分区四分为两部分。第一个部分为安静的空间，讲述罗斯福去世人们为其哀悼的场面。静水通常被视为是逝者世界的象征，而浮雕倒映在水面上，与墙上的浮雕形成虚实对比，引人深思，更突出了该空间的氛围（图2-6-18）。第二部分是开敞空间，为了表现战后乐观和平的氛围，运用水景叠水的设计，建造了一个象征"四种自由"的叠水在这个空间中营造一种自由、快乐、祥和的空间氛围（图2-6-19）。

整个设计与环境融为一体，在表达纪念性的同时，也为参观者提供了一个亲切、轻松的游赏和休息环境。

● 图2-6-17 分区三——表现主题：战争 ● 图2-6-18 分区四——表现主题：和平与繁荣（安静空间） ● 图2-6-19 分区四——表现主题：和平与繁荣（开敞空间）

项目三

园林平面设计表现技法

PART
03

当我们已经了解园林，开始进行方案绘制的时候，我们就应该思考如何进行方案表达和表现。设计师的表现技能和艺术风格是在实践中不断地积累、思索和磨练而成熟的。而进行景观制图首先要熟悉园林设计中各个元素的绘制方式和表现技巧，这也是一个成功的设计师的必要准备和基础。本章通过简单地介绍手绘表现工具以及平面表现、基础技法、上色技巧从而对方案平面表现进行介绍。

本项目任务目标：了解园林表现的各种手绘工具具体用法，并能利用常见工具进行平面、立面表现。

任务一
常用绘图工具及园林要素表现技法

一 常见的绘图工具

绘制景观设计，首先我们要了解常用绘图工具，主要包含以下几大类：

线稿绘图工具：美工笔、钢笔、针管笔、签字笔、铅笔等。

色稿表现工具：彩铅、马克笔、色粉笔、水彩等。

纸张：普通打印纸、硫酸纸、拷贝纸、水彩纸张、卡纸等。

其他绘图工具：直尺、水平尺、三角板、丁字尺、橡皮、小刀、涂改液、胶带等。

每种工具由于其特征表现效果都有所区别，需在绘图时注意。

二 园林设计要素表现技法

园林构成要素分为山石、水体、植物、建筑四大要素。园林平面设计需要确定各要素不同的比例。"比例"即图中图形与实物元素之间的尺寸之比。1:100的比例指图上线长1厘米代表实物100厘米，1:100即图上1厘米代表1米，1:500即图上1厘米代表5米。一张平面设计图只有一个比例，平面图中各要素图形用正投影图形简化表现，便于识读。

（一）植物平面基本画法

园林植物平面表现利用正投影的原理，以树干为圆心，以树冠的平均半径作出圆形，再跟进树木的形态加以表现。

1. 绘制注意事项

①图中树冠的大小应根据成龄树冠的大小按比例绘制。

②不同的植物种类常以不同的树冠线型来表示，常常以针叶树、阔叶树来进行区别表现，如图3-1-1、图3-1-2。

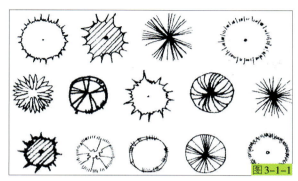 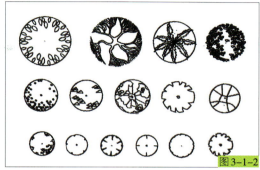

③平面图绘制需注意树冠大小，利用高低避让原则，表示多株树木相连时，树冠小让大，低让高。成片的树木的平面可只勾勒林缘线，如图3-1-3。

2. 植物平面表现方法

每株植物都以圆圈为底，圆心为树干中心，绘制时根据植物类型，通过边缘轮廓或者内部枝叶不同表现方法区别。当然，在绘制不同比例场地时，植物的表现细节也会有所区别。

具体画法如下：

①大乔木平面表现方法：如图3-1-4。

②花灌木平面表现方法：如图3-1-5。

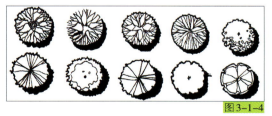 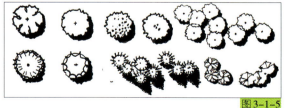

③绿篱平面表现方法：如图3-1-6。

下图就是在一张平面图内涵盖乔灌木表现综合技法，具体如图3-1-7。

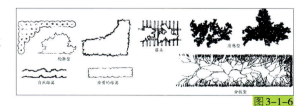

● 图3-1-1　针叶树平面表达　　● 图3-1-2　阔叶树平面表达　　● 图3-1-3　植物绘制避让原则
● 图3-1-4　乔木平面表现　　　● 图3-1-5　花灌木平面表现　　● 图3-1-6　绿篱平面表现

④树圈的画法：成片的乔木采用云冠线树圈方法，花灌木也采用云冠线小树圈表示，比例尺度较乔木树圈小，如图3-1-8。

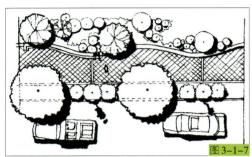

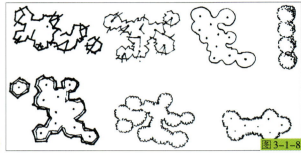

以下是在不同比例大小内植物的乔灌木等搭配的综合表现手法，如图3-1-9、3-1-10。

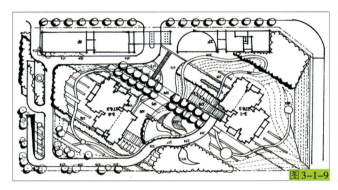

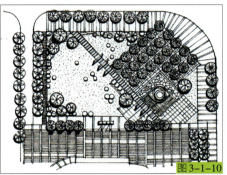

（二）建筑平面基本画法

建筑平面绘制时应注意粗细线型的变化，表达平面时为了突出其立体感，绘制阴影以此区别二维平面图案，同时，线与线交接应超出线段2~3毫米。建筑线段交接超出线段2~3毫米，建筑平面结构看起来更牢固。

单体屋顶平面图，用于表达小比例尺图面，采用外粗内细两种线表达，如图3-1-11、3-1-12。而对于仿古建筑或建筑组合时，可采用图3-1-13的表现手法。建筑平面阴影突出强调其立体感，如图3-1-14。

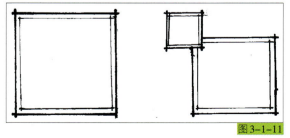

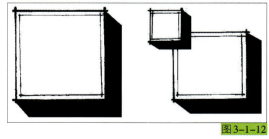

- 图3-1-7 乔灌木综合表现
- 图3-1-8 植物在平面图上的表现
- 图3-1-9 1:1000比例平面表现
- 图3-1-10 1:200以下比例平面表现
- 图3-1-11 建筑平面
- 图3-1-12 加入投影进行表现

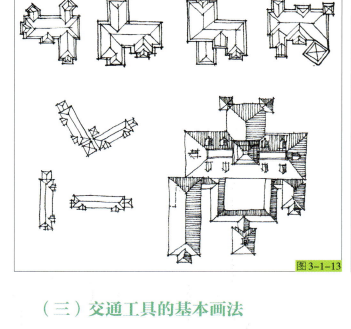

图 3-1-13

图 3-1-14

（三）交通工具的基本画法

交通工具在道路、停车场、河流设计画面中起着画龙点睛的作用，亦可做场地尺寸、属性判断参照物。交通工具通常采用简化画法，根据其形状和尺寸，平面图比例较大时绘制其大轮廓，平面图比例较小时，绘制可稍微添加部分结构细节，如图 3-1-15 至 3-1-19。

图 3-1-15

图 3-1-16

图 3-1-17

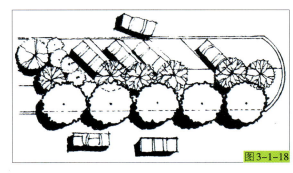

图 3-1-18

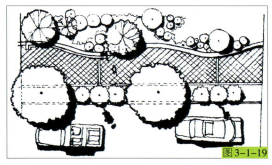

图 3-1-19

- 图 3-1-13　建筑组合表现
- 图 3-1-14　建筑组合环境整体表现
- 图 3-1-15　1:100
- 图 3-1-16　1:500-1:200
- 图 3-1-17　1:1000 以上
- 图 3-1-18　1:500 以上
- 图 3-1-19　1:200 以下

（四）道路的基本表现

道路平面绘制，采用不同线型表达。道路边界线采用中粗线，铺装图案线采用细线。平面图比例较大，通常只绘制边界线，路面留白。平面图比例较小，需要绘制路面铺装细节，甚至表现铺装材质、纹理、图案等细节，如图3-1-20至3-1-22。

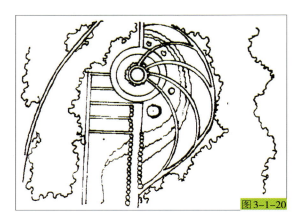

图3-1-20

图3-1-21

图3-1-22

（五）其他一些常见小品的基本画法

1.亭

亭子属于建筑小品中的休息设施，在画面中起着画龙点睛作用，有多种形状，如方形、圆形、八角形、六边形等。绘制比例要准确，同时通过阴影法强调立体感。如果亭上有攀援植物，绘制时植物会遮挡部分屋顶，如图3-1-23。

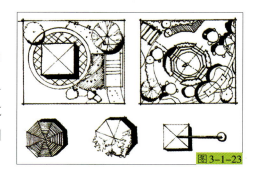

图3-1-23

● 图3-1-20　1:1000以上　　　　● 图3-1-21　1:500以下　　　　● 图3-1-22　1:100以下

● 图3-1-23　各种亭子平面表现

2.休息设施

桌凳属于景观休息设施，造型多样，平面绘制中根据尺寸绘制大平面轮廓，如图3-1-24。

3.树池

树池常见的有方形，圆形及造型独特的多边形、异形。种植池绘制通过阴影表现与铺装图案、绿地区分，如图3-1-25。

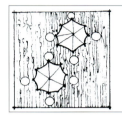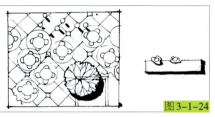
图3-1-24

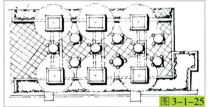
图3-1-25

4.花架、张拉膜

花架等小品的平面，根据平面比例可以根据其轮廓简化表现出来，当花架顶有藤蔓植物时，注意遮挡关系的表现，植物线型和花架线型粗细区别绘制，如图3-1-26；张拉膜绘制时注意下面遮蔽的结构性构建需用虚线表示出其位置和轮廓形状，如图3-1-27。

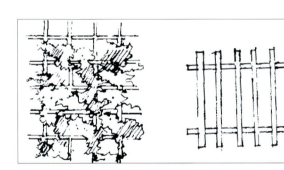
图3-1-26

图3-1-27

5.石头

石头形状和质感变化多样，在平面绘制时根据不规则纹理能表现出粗糙、细腻等不同质感的石头。阴影的绘制可以更好地表现石头大小，如图3-1-28、3-1-29、3-1-30。

图3-1-28

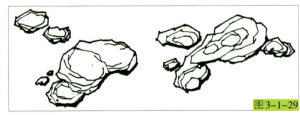
图3-1-29

图3-1-30

- 图3-1-24 休息设施平面表现　● 图3-1-25 树池平面表现　● 图3-1-26 花架平面表现
- 图3-1-27 张拉膜平面表现　● 图3-1-28 石头驳岸　● 图3-1-29 石头组景　● 图3-1-30 小石头

6. 水体的画法

水面可分为静水和动水。静水常用拉长的平行线画水，平行线可以断续并留以空白表示受光部分。动水常用曲线表示，运笔时有规则地扭曲，形成网状，也可用波形短线条来表示动水面（图3-1-31、3-1-32）。水的形态有规则式和不规则式，规则人工水面的表现根据其形态采用规则线条图案表现，或自由曲线法表现（图3-1-33、3-1-34）。

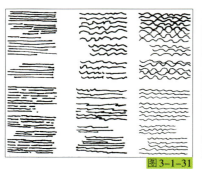

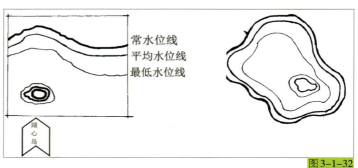

常水位线
平均水位线
最低水位线

湖心岛

图3-1-31

图3-1-32

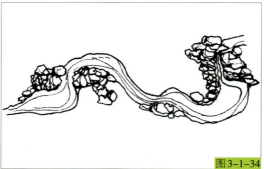

图3-1-33

图3-1-34

任务二

平面图上色示例

一 彩铅表现手法

步骤1：用钢笔绘制方案，如图3-2-1。

步骤2：彩铅整体铺色，草坪、树、铺装，如图3-2-2。

● 图3-1-31　水面画法　　　● 图3-1-32　动水面　　　● 图3-1-33　规则线条图案
● 图3-1-34　自由曲线法

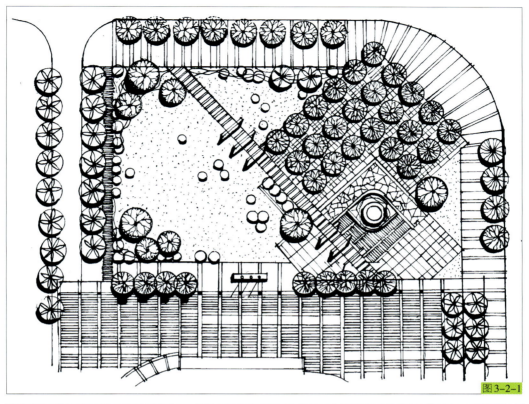

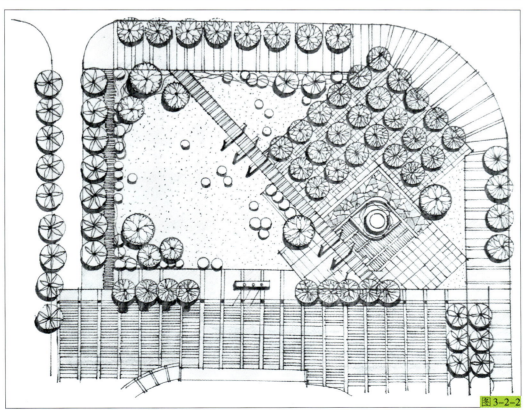

● 图3-2-1 钢笔线稿平面图   ● 图3-2-2 彩铅整体铺色

步骤3：乔木、花灌木颜色继续加深，注意明暗关系（图3-2-3）。

步骤4：用彩铅继续对各元素加深，注意明暗关系（图3-2-4）。

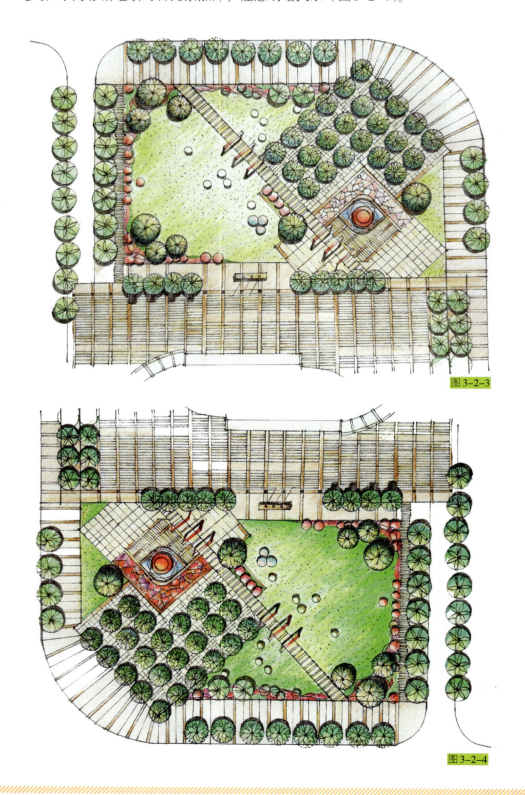

图3-2-3

图3-2-4

● 图3-2-3　步骤3　　　　　　　　● 图3-2-4　步骤4

步骤5：用彩铅对小品、铺装、乔木根据光影关系刻画（图3-2-5）。

步骤6：根据冷暖、光影关系，整体细节刻画（图3-2-6）。

图3-2-5

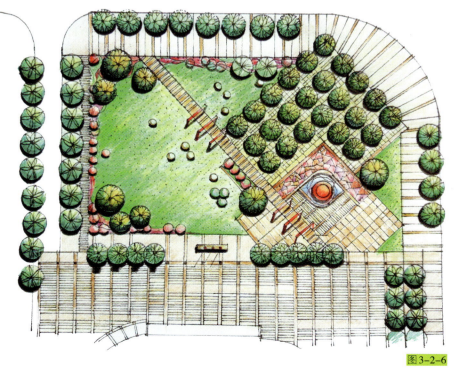

图3-2-6

● 图3-2-5　步骤5　　　　　　　　　● 图3-2-6　步骤5

二 马克笔表现手法

用拷贝纸、硫酸纸绘制的平面，在用马克笔表现时，通常采用正面画线稿，反面上色。

步骤1：准备好拷贝纸线稿（图3-2-7）。

步骤2：从草坪、绿地开始上色，铺底色调（图3-2-8）。

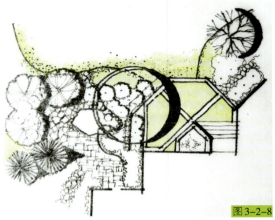

步骤3：从铺装、水池、植物开始铺大色调，不必太在乎细节（图3-2-9至3-2-11）。

- 图3-2-7 步骤1 　　　　 ● 图3-2-8 步骤2 　　　　 ● 图3-2-9 步骤3

图3-2-10

图3-2-11

● 图3-2-10 步骤3　　　● 图3-2-11 步骤3

步骤4：画面整体调整，冷暖、细节的刻画，完成（图3-2-12）。

步骤5：画面整体调整完成后，正面效果（图3-2-13）。

图3-2-12

图3-2-13

● 图3-2-12　步骤4　　　　● 图3-2-13　步骤5

项目四

园林设计初步（方案设计）

园林设计是一个综合又复杂的过程。在设计之初，设计者要结合所给的方案合理且实际地考虑功能和布局问题，并转向关注设计的外观和直觉，与形式要表达的文化主题相互呼应，共同来烘托主题氛围。本章将结合园林设计的功能、空间、概念、形式进行分步讲解，以此让设计者对园林方案有一个初步的认识。

本项目任务目标：了解园林设计整个过程，知道什么叫园林设计。掌握园林设计初步的功能分析、空间分析、概念分析，并能通过这一系列分析进行方案图形转化的形式设计。

任务一
园林设计过程

一 什么是园林设计

园林设计是指建造一个绿地之前，设计者根据建设计划及当地的具体情况，把要建造的这块绿地的想法，通过各种图纸及简要说明把它表达出来（图4-1-1），让大家知道这块绿地将建成什么样的，以及施工人员根据这些图纸和说明把这块绿地建造出来。这样的一系列设计工作的进行过程，我们称之为园林设计。而得出的园林设计方案，就是园林设计的成果。最后利用园林设计方案，对园林要素进行筑山、叠石、理水、种植树木等工程实施即为园林环境。

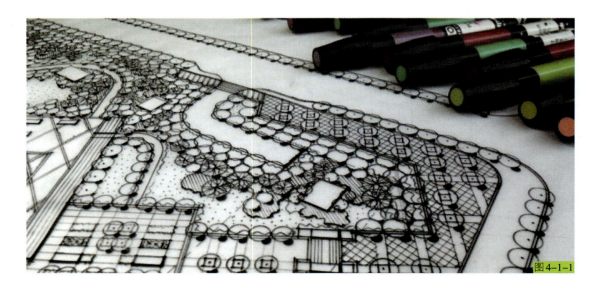

图4-1-1

● 图4-1-1　绘制园林设计图

园林设计的最终目的是要创造出景色如画、环境舒适、健康文明的园林环境。一方面，园林是反映社会意识形态的空间艺术，园林要满足人们精神文明的需要；另一方面，园林又是社会的物质福利事业，是现实生活的实景，所以，园林设计还要满足人们休息、娱乐的物质文明的需要。

二 园林设计的步骤与程序有哪些

园林景观设计的整体设计涉及内容繁多，按照一定的设计步骤，更加有利于设计思路的清理。在园林景观设计中一般分三大内容分部进行设计，如景观设计程序图（图4-1-2）所示。主要有现状调查与分析、功能分区设计以及方案的初步设计。

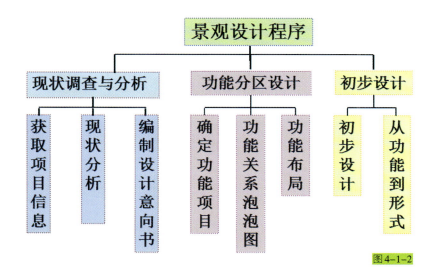

图4-1-2

（一）现状调查与分析

1.设计项目的来源

作为一个建设项目的业主（俗称"甲方"）会邀请一家或几家设计单位作为设计方（俗称"乙方"）进行方案设计,在与业主初步接触时,要了解整个项目的概况,包括建设规模（通常由住建部划定的地界红线）、投资规模、设计与建设进度等方面,特别要了解业主对这个项目的总体框架方向和基本实施内容。总体框架方向确定了这个项目是一个什么性质的绿地,基本实施内容确定了绿地的服务对象。

2.接受设计任务、基地实地踏勘,同时收集相关资料

甲方会选派熟悉基地情况的人员,陪同设计师至基地现场踏勘,收集规划设计前必须掌握的原始资料。设计师结合业主提供的基地现状图（又称"红线图"）,对基地进行总体了解,并对较大的影响因素做到心中有底。前期分析阶段并不是要将所有内容一个不漏地

● 图4-1-2 景观设计程序图

调查清楚，而是应该根据基地的规模、内外环境和使用目的分清主次地进行分析，主要的应深入详细地调查，次要的可以简要地了解，分析清楚有利的因素加以利用，不利的因素必须加以改造。

3. 分析结果

在经过全面分析后，我们对设计要求、环境条件及前人的实践已经有了一个比较系统全面的了解与认识。需要将这些分析结果总结出来，提出指导性的方针，为以后的设计做指导，编写设计大纲。

具体的设计大纲包括以下几个主要内容：

（1）明确规划设计原则；

（2）项目的竞争性：明确该园林绿地项目在绿地系统中的地位和作用，以及在不同城市级别中，该绿地的定位是属于市级还是国家级的特色绿地，本身的资源特色和同级别的对比；

（3）设计功能分区和活动项目；

（4）确定建筑物的项目、游人容量、面积、高度、建筑结构和材料的要求；

（5）制定地形、地貌的图标，水系统处理工程；

（6）拟定规划布置在艺术、风格上的要求；

（7）做出近期、远期投资及单位面积的造价；

（8）拟出场地分期实施的程序。

在前期分析中，对于方案最重要的功能需求、文化特色以及根据前面两个功能相辅相成的形式表达，这三大主题将一直贯穿整个方案的核心内容。如图：分析主题思路图（图4-1-3）。

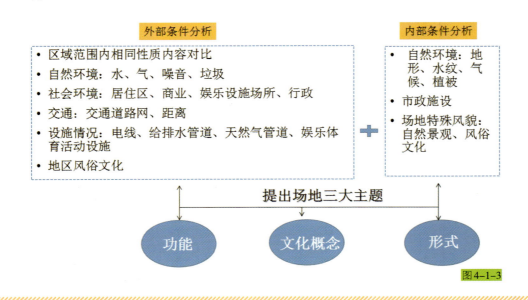

图4-1-3

● 图4-1-3 分析主题思路图

（二）规划设计

前期方案资料整理后，设计师在规划设计这一过程中以图纸作为相互交流的媒介，将园林要素通过平面图纸进行表达，反复地对概念、功能主题、形式主题、空间布局进行推敲，从而得出设计方案成果。

1. 概念主题设计

文化概念主题是整个设计方案的精神灵魂所在。概念主题可以是一种文化精神，如孔子文化（图4-1-4）；也可以是一种景观效果，如自然生态景观（4-1-5）、规则商业景观；也可以是一种地域景观风格，如中式景观（图4-1-6）、法式景观。通常这些概念主题都需要通过园林景观来进行表达，比如，小到雕塑小品、植物与建筑，大到景观轴线整体规划布局等来体现。

2. 功能主题设计

功能主题通过功能泡泡图的图示语言进行分析和表达，功能泡泡图是设计师利用圆圈或其他抽象的符号表示场地使用功能和使用功能关系的一种分析方法。如图：功能泡泡图符号（图4-1-7）。

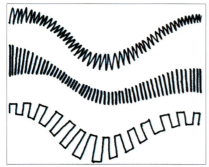

圆圈：功能分区圈

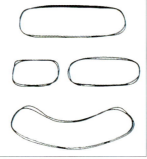
线条：路线主次

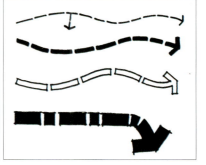
圆圈和线条的变化：围栏障碍

- 图4-1-4 孔子文化景观（景观小品上表达）
- 图4-1-5 生态景观（植物上表达）
- 图4-1-6 中式景观（轴线上表达）
- 图4-1-7 功能泡泡图符号

圆圈：各个不同的功能以及位置关系。

线条：相互连通关系人流方向。

圆圈和线条的变化：修饰（圆圈大小表示面积大小，粗线条表示比较重要的关系）。

首先由场地性质决定场地使用功能，例如，广场需要集会、避难的功能，公园需要提供市民健身、休闲的功能。还有些功能是甲方提出的特色功能需求，例如，商业广场景观设计，甲方可能要求需要提供商业布展等功能场地的需求。这些不同的功能通过设计者的分析并判断出主次，以及相互功能之间的关系、紧密度和先后顺序等。再将每一个功能泡泡图结合地形和空间找到合适的位置与空间，合理布局于地形图中，形成初步的园林功能泡泡图。

功能列表	功能关系分析	功能泡泡图
停车场		
足球田径场		
垒场		
实习场地		
休息庭院		
学生阶地		
体育馆		
行政楼		

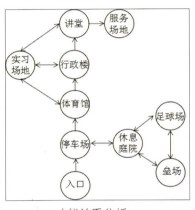
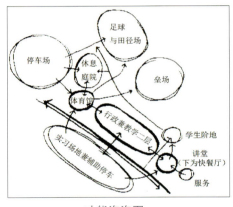

图4-1-8

如图4-1-8的一个小型校区景观设计的功能泡泡图形成步骤：首先进行功能列表，列出各种需要的功能；接着对功能的关系进行分析，再绘制功能泡泡图。

（三）形式主题设计——重复的力量

在得出使用功能后，结合地形和设计主题，找到一个主要形式的表达方式进行设计。将场地中不同的要素，园林建筑、小品、植物等用同一个形式进行重复，形成强烈的形式感，达到烘托主题的作用。

图4-1-9

● 图4-1-8　功能泡泡图形成步骤　　　● 图4-1-9　爱沙尼亚的拉克韦雷中心广场

爱沙尼亚的拉克韦雷中心广场（Rakvere centrol square）：运用三角形的形式主题，在平面构图、铺装、喷泉水景、沙坑、灯具以及座椅上都利用了三角形主题进行设计，使三角主题在各种园林要素中表现出来，使三角形元素主题更加突出，使用重复的力量达到烘托主题的目的。如图4-1-9所示。

（四）空间设计

各个景观要素组合在一个三围的一体空间就是景观的空间。园林景观师需要对每个景观空间的效果进行设计，就形成了一个个的景观节点，再对整个项目中的景观节点进行整体把控，前面铺设景观节奏，突出重要景观节点效果，像文章一样的启承转合，使整个园林景观给人从空间到时间的体验。

例如，图4-1-10至图4-1-12中的南京的中山陵就是一个景观空间的设计案例。

● 图4-1-10 半圆形广 　　● 图4-1-11 广场到牌 　　● 图4-1-12 牌坊到陵
场空间——起景 　　坊空间——序幕 　　前空间——高潮

园林景观规划设计就是综合地在图纸上将概念、功能、形式、空间进行推敲的一个过程，反复地通过平面到空间的转换来进行图纸绘制。绘制的图纸需要使用规范的标注、图例、符号、字体等进行表达。这也就是设计师的语言，通过图纸语言，将设计师的想法转述给施工人员，再进行施工，最终建成优美的园林景观。

三 设计成果

园林景观设计的成果以图片和文字的形式进行展示。设计师通过设计文本，即一个方案的概念、功能、形式、空间的图片和文字描述做成的文本，与甲方进行交流。通过CAD图纸同设计方和审查方进行对接，以达到设计想法沟通的目的。因此，方案设计的成果由方案文本和Cad方案图纸部分组成。

1.园林景观设计的方案文本图纸包括

构思草图：构思草图包括功能泡泡图、道路规划图、景观空间节点规划等分析图纸。

方案平面图：平面图是整个方案通过设计语言在平面空间的表达。

效果图：将平面图中的重要节点效果通过三维的形式呈现，能直观地交流和检验设计效果。

2.Cad方案设计图纸

Cad方案图纸是设计方案平面图的深化，是施工图纸的前奏。能够补足设计方案中的细节，进一步推敲尺寸、高差、材料、结构等细节来完善设计方案，同时指导后期施工图的绘制。

任 务 二
尺度空间设计

人们一直生活在各种各样的空间当中，对于人类来说，创造空间是对周围环境的有意识的自然行为，"空间"往往是我们设计师一直关注和探讨的话题。芦原义信在《外部空间设计》中指出：空间基本上是由一个物体同感觉它的人之间产生的相互关系所形成的。这里对空间的理解就是人们对于自己的需求，需要通过不同空间来实现，空间的本质在于其容纳性和功能性，故而对于空间的理解首先应关注人的空间体验。

本书在此讨论景观空间是为了更好地进行设计分析，一个优美的景观平面并不等同于一个高质量的景观空间，一个好的方案需要人们去设计空间中体验使用才能决定。我们在设计中寻找适合环境的空间造型和设计方法，是景观设计过程中不可缺少的步骤，空间设计的根本就是让人在不同的空间开展各类的功能活动，例如，休息、运动、聚集等。

一 园林景观空间类型有哪些

自然界本身是无限延伸的，自然界中事物由于相互限定，形成了自然空间。限定空间的方法多种多样，对于大自然这个大环境中，我们的海岸线、河流、丘陵、树林等自然要素就可限定不同空间。景观空间是由人创造的、有目的的外部环境，是比自然更有意义的

空间。在一片草地上铺着一张毯子或立一顶帐篷，便形成了一个独立的休息环境（图4-2-1）。下雨天每人撑起的雨伞，形成各自的小环境。空间的形成实际就是由我们的实体要素在空间中相互作用形成有实在性或暗示性的范围。

而对于我们所知道的景观空间而言，户外空间有几个因素影响了人们的空间感受（图4-2-2、图4-2-3）：分别为空间的地面、水平线和轮廓线、封闭性坡面的坡度。

空间的地面，指可供人活动的地面。

水平线和轮廓线，指天际线。

封闭性坡面的坡度，其大小影响空间限定性的强弱。

简言之，"地""顶""墙"是构成空间的三大要素（如图4-2-4），在景观设计范围内的设计尺度上运用三个"面"的围合而形成具有

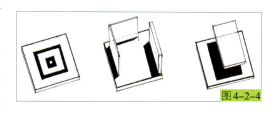

● 图4-2-1　帐篷　　　● 图4-2-2　铺装与草坪材　　　● 图4-2-3　空中构　　　● 图4-2-4　"地""顶""墙"
形成独立空间　　　　　　质不同表示不同空间　　　　　筑物限定不同空间　　　　是构成空间的三要素

不同功能、意义的场所。

　　景观设计也可以叫做空间设计，目的在于给人们提供一个舒适而美好的外部休闲游憩的场所。景观艺术形式的表达得力于空间的构成和组合。空间限定是指使用各种空间造型手段在原空间中进行划分，从而创造出各种不同的空间环境。

　　我们以室内设计空间进行举例，一个居住空间由墙、天花板、地板组合成一个大空间，而实体的围合分割主要由墙体分成不同的功能空间，当然也可以由不同材质的隔断来进行划分，例如，博古架、玻璃墙、装饰品等（图4-2-5）。

　　与建筑空间不同的是，景观空间没有顶、没有屋面，它们的尺度与外观都是独立的。景观是在地面、垂直面及天空间创造空间。故而，景观空间是一种相对于建筑物的外部存在，是园林的一个基本概念，指在人目距范围内由各种园林景观单体组成的立体空间。大到天空，小到一块石头都能对景观空间进行不同程度的干预，景观空间的具体表现形态多种多样，没有定式（图4-2-6、4-2-7）。我们根据空间的围合程度划分，把景观空间分为封闭空间、半封闭空间和开敞空间。景观空间的围合质量与封闭程度有关，主要反映在垂直要素的高度、密实度和连续性等方面。

图4-2-5

图4-2-6

图4-2-7

● 图4-2-5　博古架、窗帘划分空间　● 图4-2-6　景墙和铺地划分空间　● 图4-2-7　构筑物构成不同虚空间

（一）开敞空间

这种空间四周开敞、外向，无隐秘性，界面围合感很弱，并完全暴露于天空和阳光之下。整个空间侧重于水平方向延伸，给人以平静、舒朗的感觉。此类空间无遮挡的特性，适合布置集散、聚集、观看的场地（图4-2-8）。

图4-2-8

（二）半封闭空间

该空间与开敞空间类似，是局部围合的空间类型。它的空间的一面或多面受到构筑物等其他园林要素的封闭，限制了视线的穿透。这类空间形式多样，具有丰富的视觉形态，广泛应用在景观设计中。这类空间常适用于一面需要隐秘性，而另一面又需要在景观的场地中，具有视线导向作用，通常其方向性指向封闭性较差的开敞面（图4-2-9、4-2-10）。

图4-2-9

图4-2-10

（三）封闭空间

景观中的封闭空间指环境中的各种界面，比如地面和垂直面界定的围合度较高的空间，这里的封闭空间并非绝对封闭。封闭空间由连续的、限定性较强的边界墙与外界隔绝，空间相对独立，具有较强的空间感、安全感和私密感。因此，此类空间适合作安静休闲场地，给人安静、幽闭的空间感受。或是阻挡人的视线，遮蔽不良的景观元素（图4-2-11、4-2-12）。

图4-2-11

● 图4-2-8　空旷的舒缓草地　● 图4-2-9　低矮灌木围合半开敞场地　● 图4-2-10　半开敞空间观看海景
● 图4-2-11　围墙限定私密泳池空间

项目四　园林设计初步（方案设计）

对于封闭空间的封闭程度，主要取决于空间平面尺度和垂直尺度的关系，平面宽度和垂直高度的比值越小，封闭程度越高（图4-2-13）。

二 如何应用各种景观空间类型

园林造景需要四大要素进行合理搭配进行，但实际上我们进入一个场地，首先感受景观效果的却是通过园林空间。丰富的空间层次、不同的空间类型，时而开敞、时而闭锁、时而高旷、时而低临，带领我们经历着丰富变化的感受历程，创造了多彩的景观效果。

（一）空间限定方法

空间根据围合程度分为了开敞空间、半封闭空间、封闭空间。空间的围合实际上是对空间的限定来完成的，通过各种限定手法，创造出丰富多彩的空间序列及空间层次。常见的限定方式有地面限定、空间覆盖物限定、垂直要素限定等。

而对于空间限定大致可分为几种形式：以实体围合，完全阻断视线；以虚体分割，既对空间场所起界定与围合作用，又保持较好的视域；利用人固有的心理因素，来界定一个不定位的空间场所（图4-2-14、4-2-15）。

● 图4-2-12 围墙限定私密休息空间　● 图4-2-13 较开敞的私密休息空间　● 图4-2-14 墙体限定的实空间　● 图4-2-15 两边的竹子限定的通透的虚空间

1.地面限定：空间抬升、沉降、铺地变化等

（1）地面抬升与下沉

指对场地局部地面进行抬高或下沉，以此来强化空间分区，丰富空间视觉效果。抬高地形给人积极向上、庄严雄伟的感觉，体现出此空间的重要性，有利于形成空间的视觉中心；而下沉限定具有内向性的特点，给人安静、幽闭的心理感受。下沉的幅度越大，空间的私密感越强（如图4-2-16、4-2-17）。

（2）铺地变化

指通过地面的材质、色彩、质感的不同来对空间进行一定的区分。材质的空间限定感很弱，它是一种平面形式上的划分，偏重人的心理感受。通过材质变化引导人们内心虚拟出的空间区分，使得人们对于空间的认识和理解更加丰富。例如，大面积的硬质铺地和草地交接，限定了人步行的道路和种植区，让人视野开阔，心情舒畅（图4-2-18）。

2.空间覆盖物限定

（1）覆盖限定

覆盖是利用顶部的遮蔽来限定空间，是一种较弱的限定方式。一般来说，室外空间的顶部限定都是天空的大小，不过我们也常设置植物、亭子、廊架作为限定供人通行或休息的空间。

景观中的覆盖限定多出现在一些景观构筑物中，例如，广场的拉膜结构、顶部覆盖的廊道等。空间覆盖形式通常具有一定的竖向尺度，合理设置可以形成空间中的视觉中心，对组织空间组织有重要作用。例如，在小区中心设置适合休闲的木质廊架等，让覆盖物既

● 图4-2-16 抬高地形
形成视觉焦点

● 图4-2-17 下沉地形形
成一个内向休息、观景空间

● 图4-2-18 草地和场地
铺装图案形成不同空间

有视觉形态，还有功能的设定，满足人们的各种需求。

对于顶部镂空或透明的限定，给人安全感，却不阻挡人的视野，在休息或通行的同时仍然可以仰望天空（图4-2-19至4-2-21）。

3. 垂直元素限定：柱子、植物、墙体等

主要是指利用人工景观要素进行限定，通过人为的后期加工营造空间形态，常用的垂直空间限定手法有微地形、柱体、矮墙、植物等来限定空间。

（1）柱子

柱体作为线性因素参与空间的构成，可以柔化过渡空间。柱子之间的距离决定了空间的开敞程度，空间的渗透感也会变化。当人的视线穿过两根柱子之间时，柱子后面的景观被柱子夹在中间，形成画框的效果。而当柱子呈一定数量排列时，人们感受到整齐的序列感，形成空间景观透视效果。柱体在限定空间的同时，也有很好的观赏性（图4-2-22至4-2-24）。

● 图4-2-19 镂空廊架
形成覆盖休息空间

● 图4-2-20 花朵构筑
物形成观景空间

● 图4-2-21 阳光伞
形成小空间

（2）墙体

墙体的围合感由密实程度和高矮决定，如墙体变通透，像苏州园林的漏窗，空间渗透感很强。同时，限定的物体高矮对空间感受影响至关重要。越高的墙体限定性越强，反之则越弱（图4-2-25至4-2-27）。在景观设计中硬质景观墙体通常和植物组合搭配使用，削弱景墙硬质线条，柔化空间。

（3）植物

植物的空间限定手法灵活，对于整体景观效果影响巨大。植物可以围合形成安静的封闭空间，也可以进行相对开敞的界定。此内容在植物要素已做了详细分析，本节不再赘述。

- 图4-2-22　多根柱子形成空间
- 图4-2-23　柱子形成线性空间，引导人进入
- 图4-2-24　地形起伏分割不同空间
- 图4-2-25　墙体和植物限定空间
- 图4-2-26　镂空景墙形成虚与实空间交融

图4-2-27

（二）空间类型应用

景观空间实际上是由园林中的植物、水体、山石、建筑四大要素所围合起来的"空"的部分，是人们活动的场所。我们在造景中，景观空间就是一个"容器"，容纳各种园林要素，容纳各种园林景观，也容纳着无数位园林中的观者。空间设计没有固定方法，但空间是为人而设计的，满足人们的各种功能需求是空间设计的本质，景观空间的营造和功能的满足是景观设计关注的重要问题。因此，在设计时，空间功能性是最重要的，我们应思考人们在这个场地希望开展什么活动，这些活动可以通过哪些空间来实现。

人在室外景观空间中的行为一般可概括为：行走、驻足休息、聚集交流、交往集会、观景、娱乐等几部分，对于不同的功能类型其空间也有不同的形式特点。本文根据这些功能空间借此讨论在设计中如何打造空间以及景观视觉形式。

1. 通行空间设计

人在一个场地中进行各种活动，首先要满足的就是其通行的要求，这个也是贯穿整个设计中的线性空间。通行空间在景观设计中主要表现为由道路构成的空间类型，通过它来满足交通需求，并连接不同的功能区域。在道路空间设计时，主要通过设置线性导向性的手段来暗示通行空间，如以种植行道树、设置线性喷泉水景、设置构筑物路灯、道路材质区别等方式来限定道路空间。总的来说，对于通行空间要求来讲，根据人们在此空间停留时间而定：人流速度快时观察周边景物也较粗略，因此，设计时景观形态要简洁、大气，而人流速度慢时，周边景观应细腻、精致。

2. 安静休息空间设计

为了满足人们在室外有相对安静的环境进行适当停留休息，我们在设计中应考虑布置大小合适的景观休息空间。安静休息空间主要以封闭或是半封闭空间形式为主，设计时通

● 图4-2-27 高景墙形成强烈空间感

常利用地形、植物、构筑物等园林要素对空间进行一定程度的隔离，形成一个相对独立但又与整体空间有连续性的休息空间，并在空间中设置休息设施，如亭、廊、座椅等。

3.集会空间设计

此空间是为了满足人们在室外能够进行文化集会、庆典、节日活动而设立的，一般和交通空间进行组合设计。由于此空间一般要求容纳较多人数，故而空间形式一般为开敞空间，并以大面积的硬质铺装为主。在设计时主要考虑铺装尺度对整体场地空间的设计感，减少大面积铺装的单调感和冷漠感。

4.娱乐空间设计

此空间是提供人们开展各种娱乐活动的空间，是景观空间环境中重要的功能性空间。空间一般以开敞空间为主，并具有一定规模的场地，以设置各种娱乐设施和公共服务设施。为了增强空间的可参与性，提升环境的吸引力，该空间常结合其他元素设计，利用现有场地环境条件进行娱乐场地开发。

5.观景空间设计

此类场地属于综合性场地，结合场地特征，预留足够的空间提供给人们驻足赏景。要有一定的开敞性，一般用开敞空间和半开敞空间来实现。例如，在山顶设置空间进行观景时，就需要一个开敞空间供人们观赏。而如果遇到需要引导人们进入空间进行赏景，就可利用半开敞空间，引导人的视线进入。

任务三

概念设计

当我们开始着手一个方案时,我们的常规思路一般是"现场调查、场地分析、概念设计、方案形式设计"。往往概念设计是整个方案过程中最困难也是最耗时的一个环节，可以这么说，一个方案的好坏就取决于方案的主题概念设计阶段。一个好的设计主题全程贯穿方案的创作和平面形式设计。所以，当我们要具体讨论方案形式阶段前，我们必须了解方案的主题概念设计。

一 什么是概念主题设计

所谓概念主题就像文章立意一样，它是一个创意构思的过程，同时是理性和感性的结合过程。在这一过程中，设计者在充分了解现状场地的基地环境、人文条件、文化内涵等情况下，结合设计者的创作灵感，将原始创意发展成概念，并且为设计方案提供合理的解决方案。同时，概念设计也是一个发散和集中的过程。在这一过程中，种种创意被提出、测试、评估，最终转化成概念。在设计的创意阶段，图形化是一个非常重要的方面，因为设计师通常就是通过草图来开发前期创意的。

设计者在思考设计概念时，可以从以下几个问题思考。

这个场地我将设计成什么风格？

我要创造什么样的园林空间气氛？

我为什么要这样设计？

对于这些问题，这种概念将迫使我们思考：我们所设计的这一场地真正意味着什么？

如日本大阪棋盘游戏公园（图4-3-1至4-3-3），由日本建筑师TOFU、Yuji Tamai 和关西大学城市设计实验室共同设计完成，主要目的在于对公共空间的充分利用。公园以西洋棋为主要设计思路，项目将多种规模的棋盘游戏融入到周围绿色的环境当中。为了保持该项目较低的建筑成本，建筑师使用了纸张、硬纸板、布匹、乙烯基薄片地板、木砖、石头和不锈钢等材料。西洋棋棋盘的雕塑模式设计也形成了小型的游乐场，游客可以爬上这些棋盘席坐休憩。这一公园的设计将经济环保的可持续设计成功地融入到公共空间当中。

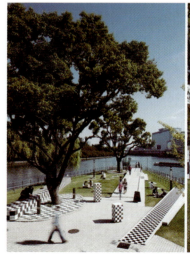

又如哈普林代表作——爱悦广场（图4-3-4）。爱悦广场的不规则台地，是自然等高

● 图4-3-1　以西洋棋为特色的公园　　● 图4-3-2　西洋棋风格景观小品　　● 图4-3-3　西洋棋小品

线的简化。广场上休息廊的不规则屋顶，来自于对洛基山山脊线的印象。喷泉的水流轨迹，是他反复研究加州席尔拉山（High Sierra）山涧溪流的结果。爱悦广场中混凝土台阶和池边的设计造成了一种如同流水冲蚀过的感觉，其形象是从高原荒漠中得到的灵感，以其象征性的峭壁而闻名。其设计的灵感源于自然的瀑布和山崖。

图4-3-4

二 怎么进行概念主题设计

那么作为一名设计师，接下来我们就应该去发现场地的精神并追寻它的意境。

分析方案概念的主题，我们可以从以下几方面去思考：

（1）任务的分析结论；

（2）功能分析的结论；

（3）设计者的喜好；

（4）文化含义的考虑。

那么如何立意？可以给你一个方向进行参考。

（1）模仿类似设计项目；

（2）从生态角度立意；

（3）从"诗情画意"出发立意；

（4）从"地方风情"出发立意；

（5）从"历史文化"出发立意；

（6）从生活或设计理念出发立意；

（7）从技术、材料等角度出发立意；

（8）从功能出发立意。

下面，我们将举例说明如何立意并转换平面形体。例如，我们以"重庆"这一具有代表性的地域为特色主题进行方案设计。

拿到这一主题时，我们开始进行头脑风暴。对于重庆这座城市，我们可以从它的历史、文化、地理环境等思考，那么，我们的头脑里就会出现重庆的山地地形、火锅、棒棒、雾都、桥都、红岩文化、山茶花（市花）、黄葛树（市树）等等具有地方特色的元素。可是这些

● 图4-3-4　以模仿大自然山体、流水，简化等高线等手法打造的爱悦广场

都是具象化的元素，如何把这些具象化的元素和我们的抽象化的方案结合在一起思考呢？

例如，我们在设计中可用弯曲的线条、几何形体以及一些人造物质如钢材、水泥等去反映高技术信息；

用有机体形式、水体以及一些软材料如草坪、树木等去体现环保价值；

用明亮鲜艳的动态元素布置娱乐场地；

用淡雅的静态元素布置安静休息区。

通过这些手段和想法，我们以选取的几个元素举例看如何实现具象化元素和设计场地的抽象过渡。

（1）重庆火锅——以麻、辣、鲜、香为特色，是汉族传统饮食方式，起源于明末清初的重庆嘉陵江畔、朝天门等码头船工纤夫的粗放餐饮方式，原料主要是牛毛肚、猪黄喉、鸭肠、牛血旺等。其锅形有圆形、八卦圆形、多边形等，并且口味有原汤麻辣、鸳鸯锅的区别（图4-3-5至4-3-7）。

这些形式，我们可以抽象为场地平面形状、雕塑小品，又或是把火锅起源及发展以景墙的形式表现都是可以的，这就是具象转化为抽象的一种方式，充分利用园林各个设计要素进行设计表现，如图4-3-8至4-3-10所示。

（2）重庆市花为山茶花。1986年，山茶花被正式命名为重庆市花，在巴蜀地区栽培已有2000多年的历史。山茶花寓意着重庆人侠骨柔肠、热情奔放，代表着重庆人勇敢拼搏的精神（图4-3-11）。

● 图4-3-5 圆形火锅　　　　　● 图4-3-6 鸳鸯圆形火锅　　　　　● 图4-3-7 八卦锅形鸳鸯火锅

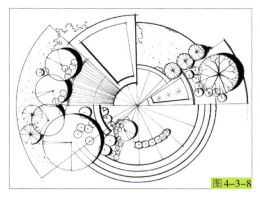
图4-3-8

图4-3-9

图4-3-10

根据这些资料，我们可以从山茶花的形状作为场地形状，或以山茶花的品种进行植物园设计，等等。当然，我们并不会直接的利用山茶花进行设计，而是利用平面构成等原理进行图形简化和变形，如图4-3-12、图4-3-13所示。

图4-3-11

图4-3-12

图4-3-13

- 图4-3-8　圆形场地变形
- 图4-3-9　圆形铺装变形
- 图4-3-10　火锅雕塑
- 图4-3-11　山茶花植物
- 图4-3-12　山茶花简化图案
- 图4-3-13　山茶花变形场地

以场地特色提炼概念主题的优秀案例——沈阳建筑大学稻田校园。

"稻田校园"是沈阳建筑大学新校址的景观设计项目，设计精华在于把实验田放在校园之中，这是一种丰产而美丽的景观，它使学生能直接与农业亲密接触。为了满足规模扩大的需要，这所始建于1948年的建筑大学从沈阳城区搬往浑河南岸新校区。2002年，俞孔坚教授带领设计团队，面临资金短缺、工期紧迫等一系列挑战，提出了用水稻来绿化美化校园环境，让稻香融入书声的方案。"稻田校园"传达了设计师关于土地的忧患意识和无限深情，表达了反对追求奢华与奇异，倡导"白话景观"与寻常城市的理想。如图2-3-14所示。

图4-3-14

总的来说，我们在进行设定确立主题时应当注意：

（1）主题要鲜明，而且一个设计项目一般来说只能有一个主题；

（2）主题要与立意相协调；

（3）主题要与基地条件相协调；

（4）主题要与功能相协调；

（5）主题要符合服务对象的特点；

（6）主题应有较好的文化品位。

三 如何进行功能设计

景观设计在有了初步的概念主题后，我们就应确定整体空间的布局关系，也就是合理地确定空间各组成元素的相互关系和空间位置。要合理地进行空间布局，首先要对景观空间的功能进行分析，通过分析完善空间中的功能构成，并针对环境的基础条件进行功能分区。

我们在设计时，通过对某一地块有了初步认识后，根据环境空间的使用者和使用需求，结合场地地形特点，把场地划分出各种功能区块，比如，休闲娱乐区、运动健身区、儿童活动区、文化展示区，并分析它们之间对道路的交通关系。

（一）场地功能分析

（1）单体功能的特殊要求：公开与私密，瞩目与隐蔽，对环境的特殊要求。

● 图4-3-14　用当地的东北稻和荞麦等农作物以及乡土野草为材料，营造出独特的稻田景观，白杨树分割出一块块水稻田，连接宿舍和教室，其间分布着一个个尺度宜人的读书空间。

（2）功能的主次：根据场地类型、特色及需求决定场地主次功能。

（3）功能之间的联系性：分析各个功能区域是否适合布局在一起以及功能区域之间的道路交通关系。

此时进行的功能项目是不考虑场地因素的。通常用抽象的图解方式进行分析，将功能项目用任意比例在空白纸上绘制，常用一些简略符号表达，及通常所说的"泡泡图"或者略图。

具体的操作步骤：

第一步：设计师利用圆圈或其他抽象的符号表示功能分区，将功能名称写在圈圈内，即"泡泡图"。（具体表示参照任务一）

第二步：分出等级与主次功能。确定各功能主次重要性，便于后面设计的重点突出与取舍。

第三步：功能分区的组织。不同等级的功能在游览顺序上的组织往往烘托出不同的体验，一般我们分为序列型、分枝型和中心型、网络型，具体如下所示。

（1）序列型（图4-3-15）

将主要功能经过串联，按照一定前后关系进行功能布局的方式，例如，以时间记事类纪念景观，如图4-3-18。

（2）分枝型和中心型（图4-3-16）

适合有一定主次关系的景观功能布局，例如，大多园林景观功能区都有这种组合模式，以人口聚集的区域或者特色景观作为主要功能区，周边散布次要功能。

（3）网络型（图4-3-17）

适合没有内在关系、随意性的功能组合。在一个项目方案中，常常会出现几种功能组织方式，都依据功能等级，以烘托主题效果为目的来组织功能项目，如图4-3-19。

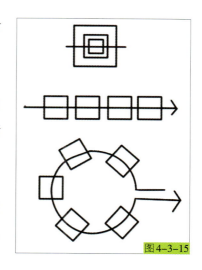

图4-3-15

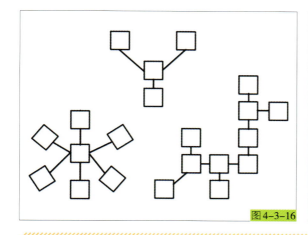

图4-3-16

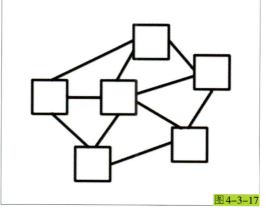

图4-3-17

● 图4-3-15　序列型　　　　　● 图4-3-16　分枝型和中心型　　　　● 图4-3-17　网络型

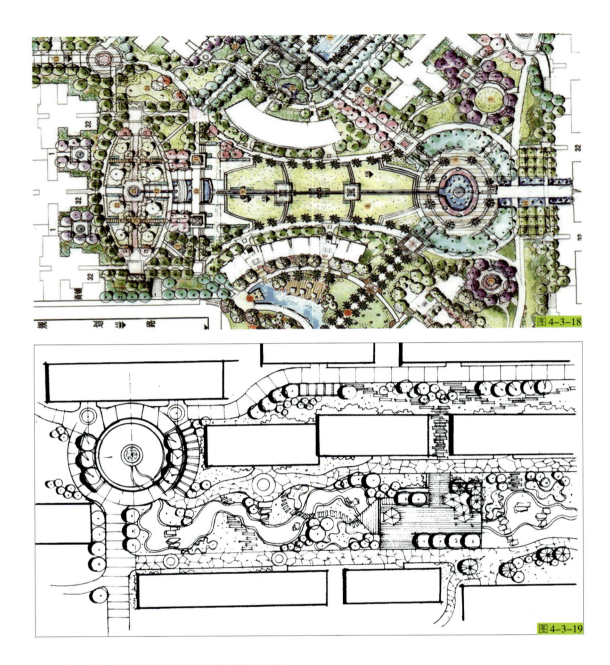

图4-3-18

图4-3-19

（二）功能结合场地条件布局

所有功能、空间都应该在场地范围内得到合理的安排与布局。功能布局是在功能关系分析的条件上进行的，将功能根据场地情况合理地分布在场地中。例如，功能布局应该结合交通，因此出入口功能需要结合外部交通环境，确定出入口位置。功能内部的交通需要根据场地内的地形进行组织和布局。例如：

（1）开阔平地：文化娱乐活动、广场区域（入口广场、集散广场、交通广场）等人口密集的集散场地。

● 图4-3-18　序列型平面布局　　● 图4-3-19　网络型平面布局

（2）缓坡为主要特色活动场地分布区域。

（3）中坡与陡坡适合动态的景观。

平面形式设计

通常的风景园林设计方法开始于调查与分析，即"立项、场地勘察、场地分析"。调查结束后就进入下一步——概念设计。概念的设计思想通常是调查与分析的逻辑结果，但是美的构图形式却不能从逻辑分析中直接产生。逻辑分析是抽象思维，平面构图的形式属形象思维，二者要并行。

平面构图设计就如同世间的各类物种，虽种类繁多，但归根结底都是由物质组成的，一切物质又都含有相同的一些最简单的元素（如碳、氢、氧、铁等），并由这些最简单的元素组合或化合而成。而我们平面设计也一样，利用最基本的线条、形体按照一定的美学原则和形式原则进行组合设计。它是以理性和逻辑推理来创造形象，研究形象与形象之间的排列的方法，是理性与感性相结合的产物。

那么我们在设计中到底该如何进行设计呢？

景观设计的平面构图形式是决定景观布局的关键因素，对平面形式而言，基本元素可分为：点、线、面三部分。

在景观设计中，点作为最小的构成元素，具有大小、形状、方向、色彩等属性；线往往作为界定区域、倒流等分割方式使用；而不同的面之间的组合与变化就形成了景观的平面形式与构图。本节将从最基本的平面几何图形进行讨论景观平面形式设计。下面的美国谷歌总部（图4-4-1、4-4-2）就是一个典型的以点、线、面为要素进行设计的方案。

● 图4-4-1　美国谷歌总部平面图　　● 图4-4-2　美国谷歌总部以点排列的圆形花池

项目四　园林设计初步（方案设计）

一 几何平面构图设计

几何形体形式是最常用的景观平面构图形式。它是利用几何要素有规律的重复排列并规定其比例关系，从而将单一的几何元素演变成有趣的、符合人们视觉感受的艺术形式。

几何图形开始于三个基本的图形：矩形、三角形、圆。

这些基本形体在我们的景观设计中随处可见并利用其进行构图设计，如图4-4-3至4-4-5。

图4-4-3

图4-4-4

图4-4-5

然而，我们在设计应用中除了单一的个体图案形成场地形式外，我们的场地都是由这些基本图案进行图案的加减法变形得出来的。下面我们将针对常用几种图形以及它们的变形来讲解方案的平面构图要点。

（一）矩形、正方形模式

矩形是最常见并且有用的设计图形，在设计室外环境中，正方形和矩形是景观设计中最常见的组织形式，它们和其他图形也很容易融合，方便设计师加以利用，如图4-4-6至4-4-8。

图4-4-6

图4-4-7

● 图4-4-3　矩形场地设计　　　● 图4-4-4　圆形场地设计　　　● 图4-4-5　三角形场地设计
● 图4-4-6　小区中庭矩形构图　　● 图4-4-7　庭院矩形构图

图4-4-8

我们在具体设计时，用90°的网格线铺在概念性方案的下面，利用不同大小的矩形进行叠加并擦去不需要的线条，最后就能很容易地根据功能性示意图组织绘画出一个基础的概念性方案。具体操作流程见下图：

把功能性概念设计方案和方格网叠加，如图4-4-9至图4-4-11所示。

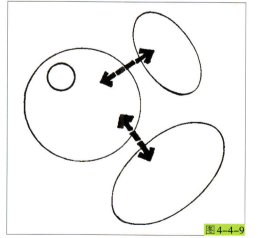

图4-4-9

● 图4-4-8　小区中庭矩形构图　　　● 图4-4-9　功能性方案概念设计

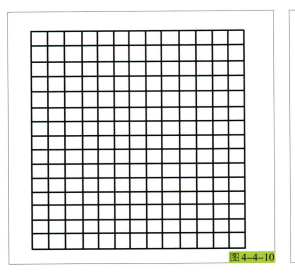

图4-4-10

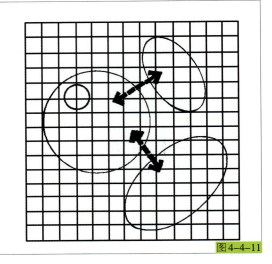

图4-4-11

　　以矩形的构图模式来进行构图，最后擦去不需要的线条，就构成了一个简单的平面，如图4-4-12、图4-4-13所示。

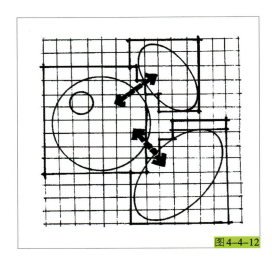

图4-4-12

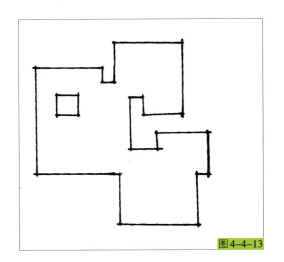

图4-4-13

　　然后，我们再赋予这些矩形具体的实际意义，补充上铺装、植物、园林建筑小品等要素内容，当然还是继续延续矩形模式的形式进行构图，如图4-4-14、图4-4-15所示。

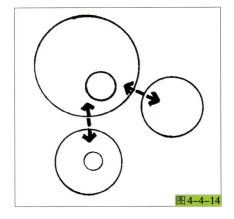

图4-4-14

● 图4-4-10　铺设方格网　　● 图4-4-11　把功能性方案叠加到方格网　● 图4-4-12　用大小不同的矩形形成场地
● 图4-4-13　去掉方格网和无用线条，形成初步概念图　　　● 图4-4-14　功能性方案概念设计

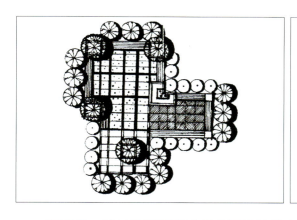
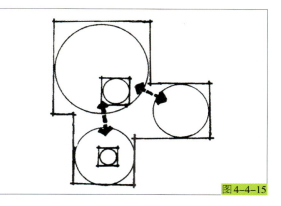

下面是一些以矩形元素进行构图设计的方案平面图，如图4-4-16至4-4-18。

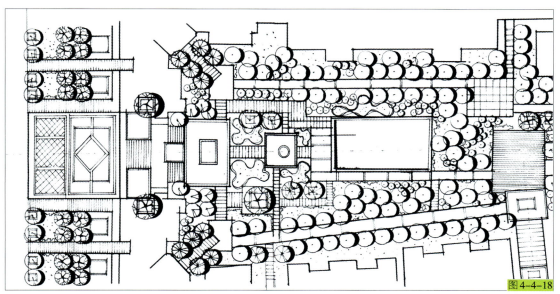

- 图4-4-15　利用矩形叠加形成场地形状，并增加园林设计要素形成初步方案
- 图4-4-16　矩形平面构图方案　● 图4-4-17　矩形平面构图方案　● 图4-4-18　矩形平面构图方案

矩形、方形模式在规则形园林设计中利用率很高，特别是轴对称设计时，具有方正磅礴威严的气势，如图4-4-19。

当然，如果我们在设计中觉得这种单一的矩形构图模式简单，可根据周边环境稍微变换一下方向，图形就会更加活泼有趣，如图4-4-20。

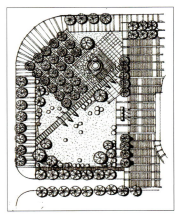

● 图4-4-19　以轴对称方式进行布局　　● 图4-4-20　变相矩形方案设计

我们在设计中除了利用矩形进行平面的构图设计外，还可利用垂直因素来增加空间层次的变化，使二维平面变成三维空间，丰富空间形式。以下就是表示矩形和正方形这种90°矩形模式的图形进行平面和立面空间的构图变化（图4-4-21）。

图4-4-21

（二）三角形模式

三角形的模式不像矩形这么中规中矩，比矩形更加富有变化，能给平面构图和空间设计带来更多的动感，如图4-4-22。

图4-4-22

1.45°/135°的多边形模式

在90°矩形模式的基础上画上对角线，这样形成了135°和45°的三角形模式，如图4-4-23、4-4-24。利用这种图形构图叠加时，一定要注意场地相应的线条应该平行。

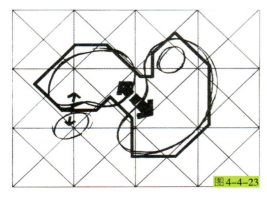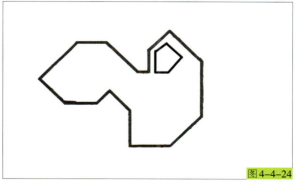
图4-4-23
图4-4-24

● 图4-4-21　各种矩形构图的场地、建筑小品、植物、铺装等　● 图4-4-22　三角形场地和各种园林要素搭配
● 图4-4-23　概念方案叠加在45°矩形方格网上　● 图4-4-24　擦去不需要线条，保留有用线

项目四　园林设计初步（方案设计）

下面是一些以45°/135°的多边形模式元素进行构图设计的方案平面图，如图4-4-25、4-4-26。

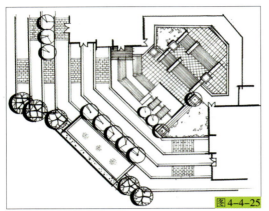

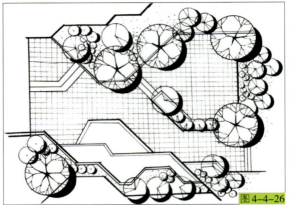

2.60°/120°的六边形模式

这种形式可利用60°组成的六边形网络进行铺底辅助描画，也可以直接利用不同尺寸大小的六边形进行叠加拼接。和90°矩形模式一样，保留有用线条，去掉无用线条，最后形成方案的平面构图，具体如图4-4-27至4-4-30。

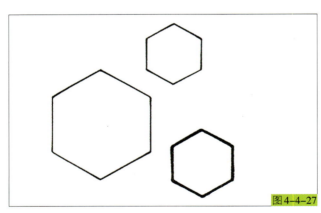

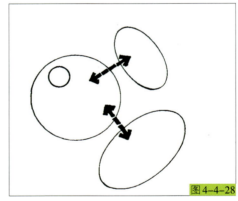

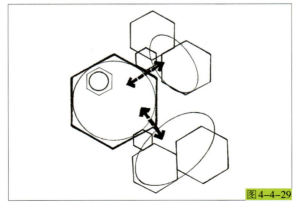

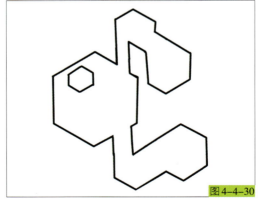

- 图4-4-25 多边形场地方案
- 图4-4-26 多边形场地方案
- 图4-4-27 大小不同的六边形组合
- 图4-4-28 功能分区
- 图4-4-29 利用六边形叠加
- 图4-4-30 保留有用线

下面是一些以60°/120°的多边形模式元素进行构图设计的实例（图4-4-31、4-4-32）。

在进行三角形设计的时候，要注意尽量避免过小锐角的图形出现。首先，这样的锐角让人心理具有攻击性；其次，狭窄的锐角容易产生破坏或者伤到行人。如图4-4-33、4-4-34中，可看到此种锐角的水池设计就会产生既容易损坏又难以维护的情况。

当然，并不是所有的锐角都不能使用，在某些特定条件下，经过精心安排，锐角也能成功地与环境融为一体，并带来意想不到的效果。例如，我们可以在平面铺装上使用这类图案，或者在锐角的图形上面稍微进行一下导圆弧的处理都是可以的，如图4-4-35、4-4-36。

- 图4-4-31　60°/120°构图方案　● 图4-4-32　60°/120°方案实景图　● 图4-4-33　锐角三角形的水池给人攻击性
- 图4-4-34　锐角三角形树池易损坏　　　● 图4-4-35　锐角三角形形成平面铺装
- 图4-4-36　锐角三角形树池在锐角处导圆

（三）圆形模式

无论是在传统亦或是现代，东方亦或是西方，圆形在各类设计作品中都大量存在。从圆在景观设计的平面表达开始，设计师们就开始研究和探索圆作为图形的表象，通过对大量作品的分析，总结出圆在景观平面表达中的各种形式，并提出具体的表达原则。

1. 多圆组合

以下是我们生活中常见的以多个大小不一的圆形进行构图的景观设计，圆圈具有很好的运动性、连续性（图4-4-37、4-4-38）。需要值得注意的是，当我们具体利用不同大小的圆进行叠加组合时，应注意当几个圆相交时，把它们相交的弧调整到接近90°。

同前面的方法一样，在功能性方案的基础上，把不同的功能区域用不同大小的圆来表示，最后擦掉相交的各个圆中没用的线条，留下合理的线条，便形成一个基本的初步方案了，具体如图4-4-39至4-4-43。

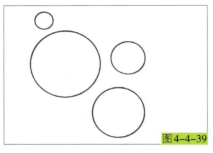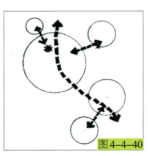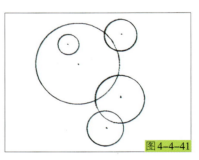

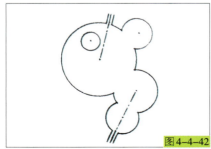

● 图4-4-37　圆形趣味铺装 ● 图4-4-38　圆形铺装 ● 图4-4-39　大小不同的圆 ● 图4-4-40　功能概念性方案
● 图4-4-41　不同圆相交组合　　● 图4-4-42　利用大小不同的圆叠加到概念性方案里
● 图4-4-43　擦掉不需要的线形成合理方案

下面图形是利用多圆进行方案设计构图的平面图，如图4-4-44、图4-4-45。

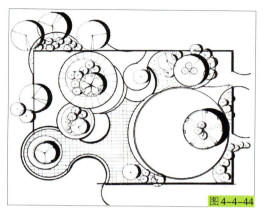

图4-4-44

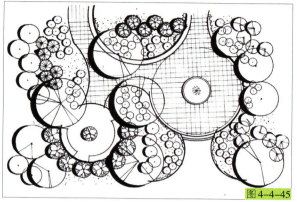

图4-4-45

2.同心圆模式

利用无数个同心圆和半径的图形模式，把概念性方案绘制在同心圆的网格基础之上，利用图形的叠加和消减的方法，根据场地的大小和位置，根据同心圆、半径原理，绘制出我们所需要的平面初步方案，如图4-4-46至4-4-51。

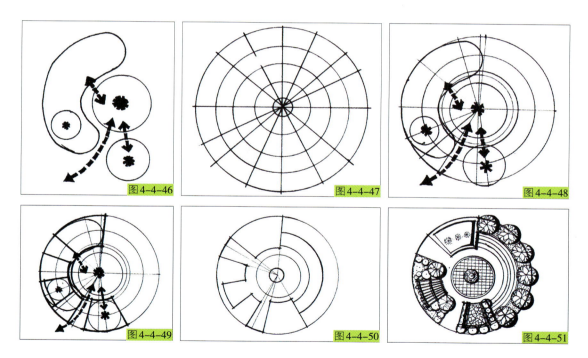

● 图4-4-44　多圆组合方案设计（1）　　● 图4-4-45　多圆组合方案设计（2）　● 图4-4-46　功能概念性方案
● 图4-4-47　利用半径和同心圆辅助设计　　　　● 图4-4-48　把概念性方案放置在辅助图上
● 图4-4-49　根据场地大小叠加所需要的同心圆　　● 图4-4-50　去掉无用线条
● 图4-4-51　增加园林要素得出方案

项目四

园林设计初步（方案设计）

下面来看一下以同样的方式构图设计的方案平面图，如图4-4-52、4-4-53。

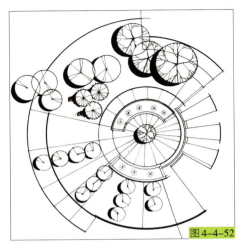

图4-4-52

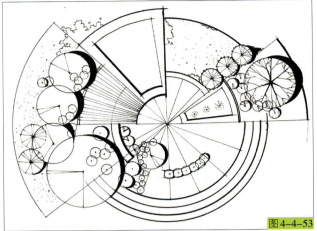

图4-4-53

当加入立体要素进去后，会让整个方案具有更丰富的空间，如图4-4-54、4-4-55。

图4-4-54

图4-4-55

3.圆的一部分模式

除了前面所讲述的多圆和同心圆，我们还经常利用圆的一部分来进行构图设计，下面是我们在园林景观中常见的一些景观实例，如图4-4-56、4-4-57。

图4-4-56

图4-4-57

● 图4-4-52　小区中庭同心圆构图　　● 图4-4-53　同心圆构图　　● 图4-4-54　同心圆图案铺装

● 图4-4-55　小区中庭同心圆方案设计　● 图4-4-56　半圆组合方案设计　● 图4-4-57　1/4圆方案设计

从上面的实景设计中可以看出，把圆分割成半圆、1/4圆形状，同时把它们放大、缩小进行多个组合重组设计，会得到另一种平面表达方式。具体操作方法如图4-4-58至4-4-63。

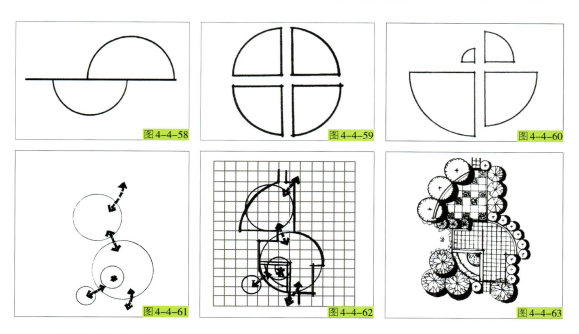

图4-4-58　图4-4-59　图4-4-60
图4-4-61　图4-4-62　图4-4-63

　　下面是以圆的一部分进行构图设计的方案，如图4-4-64、4-4-65。

图4-4-64　图4-4-65

　　我们在做方案设计时，会出现一种圆形式的平面构图单一，这个时候就会出现利用多种圆的形式进行组合设计构图，这时首先要考虑利用切线，利用切线、圆弧和半径的方式考虑圆与圆相交切线导圆弧的形式，如图4-4-66、4-4-67所示。

- 图4-4-58　半圆移位构图　　　　● 图4-4-59　1/4圆构图　　　　● 图4-4-60　把1/4圆扩大或缩小
- 图4-4-61　功能概念性方案　　● 图4-4-62　根据功能性方案组合1/4圆　● 图4-4-63　擦去无用线条，简化构图
- 图4-4-64　圆的一部分构图设计　　● 图4-4-65　圆的一部分构图设计

图4-4-66

图4-4-67

（四）椭圆模式

多圆组合的原则在椭圆中同样适用，只是由于图形构图原理，对于椭圆进行图形组合时应注意椭圆的长轴、短轴以及两个圆心，抓住了椭圆的图形特点，也方便我们在设计中进行设计，如图4-4-68、4-4-69。

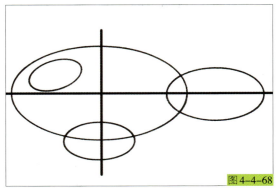
图4-4-68

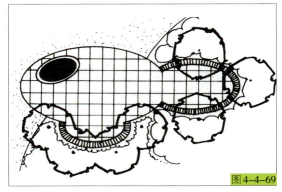
图4-4-69

椭圆除了能单独应用，实际上可以看做被压扁的圆，在设计中和圆或弧线等组合应用在一起，如图4-4-70、4-4-71。

图4-4-70

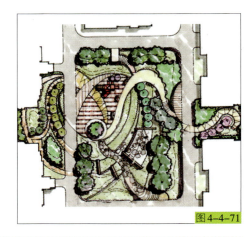
图4-4-71

- 图4-4-66　多种圆形式构图
- 图4-4-67　多种圆形式构图
- 图4-4-68　多个椭圆相交、组合
- 图4-4-69　去掉无用线条，补充其他景观要素
- 图4-4-70　椭圆和弧线、圆组合
- 图4-4-71　椭圆和弧线组合构图

◴ 自然形体平面设计

在设计中我们常常会出现这种想法，我们所应用的几何形体不能完全和周边环境所融合，可能需要一些自然生态的元素和自然界的材料重新组合创造，这样的设计也许更容易被人所接受。这个时候，我们就会考虑使用更贴近自然和符合自然规律的一些形体稍加处理来进行方案设计。这样，也会让我们的方案同周边环境更好地融入，设计者的理念和方案会最终同自然联系在一起，也就是我们所说的设计结合自然的最和谐的设计方法。而这种设计方法的根源是从大自然得来的灵感，比如，大自然中的山川、河流、大海……这些要素都可为我们所用来进行创造。下面我们将对自然元素构图原则和技巧进行讲解。

（一）模仿自然

景观设计中的自然形体设计，首先应在了解大自然元素基础上进行模仿，这些元素或许在自然界中随处可见，但当我们合理地应用在我们的设计中或许会有意想不到的效果。例如，我们经常看到的蜿蜒曲折的道路，就是模仿自然界的河流这种平滑流动的形式，如图4-4-72至4-4-74。

图4-4-72

图4-4-73

图4-4-74

● 图4-4-72　蜿蜒变化的自然曲线是对海岸线的模仿和延续　　● 图4-4-73　红色飘带蜿蜒在森林公园内

● 图4-4-74　水岸线模仿自然曲线，消失在水平面

（二）自然形式演变抽象

我们在设计中除了简单地模仿自然，还应根据设计意图进行自然形式的基本改变。例如，我们平时看到的水花图案，可进行提取元素变形（图4-4-75），利用其形体和特点演变出有趣的游泳池水景构图。这种自然松散的图案给人以灵动之感，如图4-4-76。

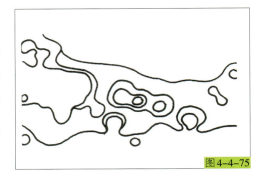
图4-4-75

图4-4-76

水纹的肌理经过我们抽象提炼出不同波纹的图案也能应用在我们的设计中，如图4-4-77、4-4-78。

图4-4-77

图4-4-78

我们常用的螺旋形的构图设计形式，实际上就是由大自然里生长的一类蕨类植物（图4-4-79）这种螺旋式自然形体变形得来的，这类形体还可设计出多种有趣的图案形式。

大自然螺旋形演变过来的旋转体，是由螺旋线围绕一个中心点逐渐向远端旋转而成的。我们利用这种形体变形也能给我们的设计带来灵感，如图4-4-80、4-4-81。

- 图4-4-75　水珠水纹抽象图形　● 图4-4-76　自然曲线的水池和植物很好地集合在一起形成了自然优美的景观
- 图4-4-77　水纹机理的铺装　● 图4-4-78　水纹曲线构图

　　自然界中随处可见的植物叶片（图4-4-82）也是我们创作的灵感，例如，叶片的叶脉肌理、形状、质地都可以借用，如图4-4-83。

项目四　园林设计初步（方案设计）

干裂的土地形成的不规则的裂纹，我们也经常应用在设计中。例如，冰裂纹的铺装和不规则裂纹的树池形式，如图4-4-84至4-4-86。

大自然的地形肌理梯田，我们稍抽象处理一下，就会形成丰富有趣的景观场景，如图4-4-87、4-4-88。

三 不规则的多边形

除了规则的几何形体和自然形体，自然界还存在很多沿直线排列或构图的形体。这些形体没有任何构图原则，它是松散、随机的。例如，就像前面提到的土地裂缝形成的不规则的多边形，它的长度和宽度都是随机的。不规则多边形多利用水平、垂直或斜线所组成的不定形体，形成无对称关系的多边形形态。所以，当我们用这类图形进行构图创作时，应注意少用锐角，同时不应有过多重复的平行线。

- 图4-4-82　利用叶片的外形设计花坛
- 图4-4-83　提炼树叶形状设计的叶型园林构筑物及小品、铺装
- 图4-4-84　大地裂纹
- 图4-4-85　冰裂纹铺装
- 图4-4-86　冰裂纹构图设计
- 图4-4-87　云阳哈尼梯田自然景观
- 图4-4-88　以梯田形式变形景观

图4-4-89、4-4-90是利用不规则的几何线条和多边形构成的方案设计。

四 平面图形构图技巧与原则

当然我们的设计并不是某一个单一图形就足够了，一个完整的设计往往是运用多种图形形式共同创作。那么我们在使用这些图形创造的时候，就应注意图形与图形之间的组合技巧。

● 图4-4-89　利用不规则多边形构成逐级叠高的草坪，现代感极强　　● 图4-4-90　不规则平面方案设计

1. 垂直线相交

当我们在设计台阶时，除特殊景观造型设计外，两条线条应以90°相交，这将提供空间的最大化使用，同时也使设计项目容易建造，如图4-4-91。

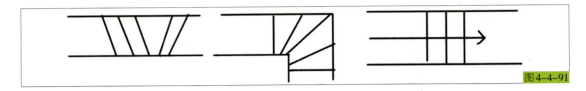
图4-4-91

2. 透视线的应用

当多条线条不成规律时，应尽量满足透视规则，让所有线条消失于一点，这样会有焦点，如图4-4-92。

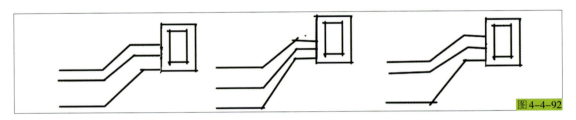
图4-4-92

3. 空间宽窄变化

当多个空间组合时，应有宽窄的变化，例如道路，增加宽窄变化，会让整个方案更具趣味性。

4. 形状大小变化

如果用同一个形状构图，要注意大小应有变化，让整个方案充满趣味性，如图4-4-93、4-4-94。

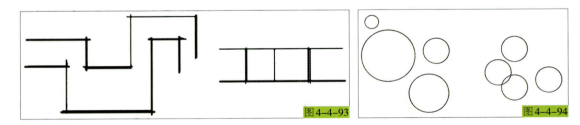
图4-4-93   图4-4-94

5. 避免锐角出现

在设计时，出现小于45°的锐角，这样的空间给人一种破坏性，且容易损坏不易维护，应尽量少用。如因图形创造需要，对于锐角处理，可用平面铺装或是把锐角地方进行圆角处理，如图4-4-95。

● 图4-4-91　台阶与道路垂直相交如右图，避免左图与中图相交形式

● 图4-4-92　透视线不规则时，中间图的表达方式更具有聚焦的效果

● 图4-4-93　左图的宽窄道路变化有利于趣味性

● 图4-4-94　同样的圆形形式，左图圆形大小变化具有趣味性